U0670168

科普总动员

植物提供能源，维系生命活动。让我们一起来欣赏千姿百态的植物天堂吧！

编著：柳敏夏

# 千姿百态的 植物天堂

山西出版传媒集团
山西经济出版社

图书在版编目(CIP)数据

千姿百态的植物天堂 / 柳敏夏编著. — 太原：山西经济出版社, 2017.1（2021.5重印）
ISBN 978-7-5577-0151-2

Ⅰ.①千… Ⅱ.①柳… Ⅲ.①植物—青少年读物 Ⅳ.①Q94-49

中国版本图书馆CIP数据核字（2017）第009779号

**千姿百态的植物天堂**

QIANZIBAITAI DE ZHIWUTIANTANG

编　　著：柳敏夏

出版策划：吕应征

责任编辑：李慧平

装帧设计：蔚蓝风行

出 版 者：山西出版传媒集团·山西经济出版社

社　　址：太原市建设南路 21 号

邮　　编：030012

电　　话：0351-4922133（发行中心）

　　　　　0351-4922085（总编室）

E-mail：scb@sxjjcb.com（市场部）

　　　　　zbs@sxjjcb.com（总编室）

网　　址：www.sxjjcb.com

经 销 者：山西出版传媒集团·山西经济出版社

承 印 者：永清县晔盛亚胶印有限公司

开　　本：787mm×1092mm　　1/16

印　　张：10

字　　数：150 千字

版　　次：2017 年 1 月　第 1 版

印　　次：2021 年 5 月　第 2 次印刷

书　　号：ISBN 978-7-5577-0151-2

定　　价：29.80 元

# 前言 ■千姿百态的植物天堂

辽阔无垠的山川大地，苍茫无际的宇宙星空，人类生活在一个充满神奇变化的大千世界中。异彩纷呈的自然科学现象，古往今来曾引发无数人的惊诧和探索，它们不仅是科学家研究的课题，更是青少年渴望了解的知识。通过了解这些知识，可开阔视野，激发探索自然科学的兴趣。

本书介绍了介绍了植物的相关知识。分"植物生活百态""植物用途创新""植物未来猜想"3个篇章，将一个绚丽多彩的植物世界淋漓尽致地展示给青少年朋友们。全书图文并茂、通俗易懂，并以简洁、鲜明、风趣的标题引发青少年的阅读兴趣。

植物存在于人类活动的一切环境中，是环境中唯一的、第一级的生产者，是其他生物生存的最基本能源。植物通过光合作用，利用二氧化碳制造有机物，为其他生物提供生存所需的食物和氧气。人类的衣食住行不仅直接或间接地取于植物，而且植物能涵养水源、吸收粉尘、过滤噪音、调节气候、减少温室效应、净化水土气中的重金属和有毒有害物质，保护、监测并改善环境质量。此外，植物还能固坡护沙、防止水土流失，改良土壤、提高土壤肥力、绿化都市、营造庭园景观，有利于人类创造最佳生存环境。

植物还是人类赖以生存的物质基础，是经济发展的物质资源。在农业生产中，农、林、牧、副、渔业都直接或间接地与植物有关。经济建设和人民生活所需的粮、棉、油、麻、丝、茶、糖、菜、果、药等，都取自植物；各种家畜、家禽、鱼类的养殖，也需要植物作为饲料来源。在工业方面，无论是食品、油脂、制糖、制药、造纸等，还是建筑、纺织、橡胶、油漆、化妆品，甚至冶金、煤炭、石油等都需要植物作为原料或利用到植物的产品。

可以说，植物是人类最亲密的朋友。但是，对于这位朋友，我们知道多少：植物是怎样进化的？它们的生命是怎样构成的？它们又是怎样在恶劣环境中生存的……本书通过生动严谨的语言，配以百余幅精美图片，将一个缤纷多彩的植物王国介绍给你。使你在感受植物之美的同时，还能发现生命的魅力所在。

# 目录 ■千姿百态的植物天堂

# 第 **3** 章 植物未来猜想

千姿百态的植物天堂

目录

# 植物生活百态

# 植物家族的演化

**科普档案** ●**名称**：蓝藻　　●**分布**：遍及世界各地　　●**特征**：无细胞核、繁殖快

　　绿色的植物，给人们以生机、希望和启迪。在自然界中，植物虽然不能像动物般运动，但是它们所体现和展示的美，以及它们的丰富和独特，同样构成了一个绚丽多彩的绿色世界。

　　植物世界是一个庞大而复杂的家族，截止到 2005 年，世界上已知的植物有 40 多万种。一般认为，最早的植物出现在海洋中，它们结构简单、种类贫乏。大概经历了 30 多亿年的漫长岁月，植物的祖先才完成了由水中到陆地，由简单到复杂，由低等到高等，由木本到草本的演化过程，加上天然杂交和多倍体的形成，才使地球上有了今天这样绚丽多彩、种类繁多优良的植物资源。

　　按照植物体结构的完善程度，植物界可简单地分为两大类：低等植物和高等植物。低等植物包括藻类植物、菌类植物、地衣植物；高等植物包括苔藓植物、蕨类植物、种子植物。

　　细菌和蓝藻是地球上最原始、最古老的生物种类，它们是由一个没有细胞核或没有核膜的核和原生质团组成的生物，即原核生物。由它们进一步发展产生了有细胞核和细胞器的真核生物，如硅藻、黄藻、裸藻等，其结构变得稍微复杂，类型和队伍也更加壮大。特别是绿藻，在植物演化中居于主干地位，多数学者认为它是高等植物的祖先。藻类再经过不断进化，由单细胞演变到多细胞。不过，这时它们仍然只生活在水域里，海洋是名副其实的生命的摇篮。

　　从水生到陆生，是植物发展的第二个大飞跃。生长在水边的一些藻类，由于不断受到陆地环境的考验与侵袭，体内逐渐产生了输送水分的输导组

□绚丽多彩的植物

织——维管束，为植物的登陆创造了条件。一些刚离开水域到陆地生活的植物还未分化出根、茎、叶，长在地下的部分和地上部分的形状完全相同，因此被称为轴，有人称它们固着的部分为根状茎或根状枝；有的只有茎、根，没有真正的叶；还有不少种类过着两栖生活。

直至距今大约 4 亿多年前的志留纪中晚期，虽然此时气候仍然炎热干燥，但是由于大气圈外圈的臭氧层已经形成了一定的厚度，具备了阻挡杀死陆地生物紫外线的强度，水生植物的登陆尝试终于成功。蕨类植物中最原始的裸蕨成了登陆先锋，从此使陆地披上了绿装。植物到了新环境生活以后，努力使自己的体形和内部结构适应新环境的同时，也不断地改变新环境的恶劣条件，使环境更有利于自身的发展。到了距今 3.6 亿~2.5 亿年的石炭二叠纪，地球上的气候温暖潮湿，为植物生长提供了良好的生长条件。有些植物长得又高又大，成为大片的森林，一部分鳞木类或木贼类植物，胸径甚至达几米，高几十米，呈现出一派郁郁葱葱的繁荣景象。但到了距今约 2.55 亿年前左右的晚二叠纪，气候开始变化，许多植物不能适应逐渐消亡，

植物枝叶的沉积层

2亿年以前

被掩埋的植物残留

5千万年前

煤层的位置

现在

□ 煤的形成

被不断演变出来的新的植物种类所代替,那些盛极一时的古代蕨类,如芦木、鳞木、树蕨等,虽有些零散地保存下来,但大部分都遭到毁灭。在一些低洼的地区,大量的植物残体源源不断地聚集在一起,并且该地区的地层处于下沉的环境,其下沉的速度与植物残体大量聚集的速度相一致,久而久之就成了煤。由于大量植物被埋藏的条件不同,植物种类不同以及距今时间不同等诸多因素所致,煤的种类也多种多样。世界上的煤大约从3.6亿年前开始大量形成,直到1.5亿年前这段时间都非常丰富。特别是3.6亿~2.86亿年前这段时间,为人类提供了大量煤质好、贮量大的可采煤层。这也是地质年代表上把这段地质时间称作石炭纪的由来。

有了花粉管,植物的受精过程完全摆脱了对水的依赖,这时的植物才算真正征服了陆地。距今2.45亿~0.67亿年前的中生代,裸子植物出现并逐渐繁盛,银杏、苏铁、松柏类成为当时的主要植物。直到距今约160万年前的第四纪,冰川的酷劫使得很多裸子植物灭绝,唯独我国保存着银杏、水杉、银杉、台湾杉、金钱松等一些孑遗植物,成了举世闻名的"活化石"。

被子植物在距今1亿多年前开始出现,是进入新生代的后起之秀,它由古老的裸子植物进化而来,不仅有种子,而且有果实,这使其后代更赋有生命力和适应环境的可塑性。早期的被子植物为双子叶植物,大多是一些热带常绿乔木。经过漫长的演化,向着干旱、寒冷或高山地区发展,以致从乔木变为适应性更强的灌木和草本类型。

在植物世界里，我国可称得上是植物的宝库。我国的高等植物超过3万种，其中经济植物多达数千种，比欧美两洲的还多。其他如木本植物、水果品种，以及纤维、芳香油、淀粉等植物的自然资源也都极为丰富。随着国民经济发展的需要，我国这座植物宝库大有挖掘的潜力。

### 📚 知识链接

### 植  物

植物是具有光合色素，能进行光合作用，具有细胞壁的多细胞真核生物，由根、茎、叶组成，表面有角质膜、气孔、输导组织和雌/雄配子囊，胚在配子囊中发育。植物总共有300多个大小不同的科，最大的科是菊科，有23000多种，最小的科是银杏科、杜仲科，仅一种。

# 破译植物语言

**科普档案** ●**名称**:植物语言　　●**分布**:植物体　　●**特征**:声音、电信号

植物不能像动物一样，自主地发出声音。但植物之间并不是相互孤立的，它们也有语言，并以这种奇妙的方式进行通信和联系。

　　在人类的眼里,植物总是默默无闻地生活着,不管外界条件如何变化,它们永远无声地忍耐着。但近年来的科学研究发现,植物其实也有自己独特的语言,目前,世界各国的科学家们正在通过各种实验来证实并破译植物的语言。

□植物遭遇严重干旱,就会发出"咔嗒咔嗒"的声音

　　20世纪70年代,一位澳大利亚科学家发现了一个惊人的现象:当植物遭受严重干旱时,会发出"咔嗒、咔嗒"的声音,通过进一步的测量发现,声音是由植物杆茎微小的输水管震动产生的。不过,当时科学家还无法解释这种声音是出于偶然,还是由于植物渴望喝水而有意发出的。如果是后者,那就意味着植物也存在能表示自己意愿的特殊语言。

　　不久以后,英国科学家米切尔,把微型话筒放在植物茎部,

□植物进行光合作用时会发出信号

倾听它是否发出声音。经过长期测听，他虽然没有得到更多的证据说明植物确实存在语言，但却引发了许多科学家研究植物语言的热情。1980年，美国科学家金斯勒和他的同事，在一个干旱的峡谷里装上遥感装置，用来监听植物生长时发出的电信号，结果发现，当植物进行光合作用，将养分转换成生长的原料时，就会发出一种信号。了解这种信号是很重要的，因为只要能够破译这些信号，人类就能对农作物生长的各个阶段了如指掌。

金斯勒的研究成果公布后，引起了许多科学家的兴趣。但他们同时又怀疑，这些植物的电信号语言，是否能真实又完整地表达出植物各个生长阶段的情况呢？1983年，美国的两位科学家宣称，能代表植物语言的也许不是声音或电信号，而是特殊的化学物质。因为他们在研究受到灾害袭击的树木时发现，植物会在空中传播化学物质，对周围邻近的树木传递警告信息。

为了能更彻底地了解植物如何表达感情的奥秘，英国科学家罗德和日本科学家岩尾宪三特意设计出一台别具一格的"植物活性翻译机"。这种仪器非常奇妙，只要连接上放大器和合成器，就能够直接听到植物的声音。根据大量录音记录的分析发现，植物似乎有丰富的感觉，而且在不同的环境条件下，会发出不同的声音。例如有些植物声音会随房间中光线明暗的变化而变化,当植物在黑暗中突然受到强光照射时,能发出类似惊讶的声音;当植物遇到变天刮风或缺水时,就会发出低沉、可怕和混乱的声音,仿佛表明它们正在忍受某种痛苦。在平时,有的植物发出的声音好像口笛在悲鸣,有的却似病人临终前发出的喘息声。还有一些原来叫声很难听的植物,受到温暖适宜的阳光照射后,或被浇过水以后,声音会变得较为动听。

　　破译植物的语言是一项开拓性工作,因此引起了不少科学家的浓厚兴趣。经过多年的研究,虽然人们已经对植物的语言有了多种解释,但目前还有许多科学家不承认植物语言的存在,植物究竟有没有语言,看来只有等今后的进一步研究才能给出答案。

### 知识链接

#### 破译植物语言的意义

破译植物的语言是一项开拓性工作,因此引起了不少科学家的浓厚兴趣。经过多年的研究后,他们对于植物的语言已经有了多种解释。科学家预言,植物语言的破译,对于植物病虫害的抑制,作物生长发育最适环境的调控、农业耕作的安排、植物各种药用成分的分离提取以及果蔬的储藏和运输等,都有重要的实用价值。

# 洞悉植物性别

**科普档案** ●**名称**:山慈 ●**分布**:日本、朝鲜、泰国北部等地 ●**特征**:多年生草本

　　和动物一样，植物也存在着性的差别，即有专门的雌性和雄性器官，甚至有严格的雌性个体和雄性个体之分。

　　众所周知,动物有雌雄,可是对于植物的性别,不少人或许不大了解。其实,在高等植物中,性别的分化情况比动物还要复杂,以至于对植物性别的最后确认,在科学史上曾经历了一场持续一千多年的大论战。

　　对于植物的性别,人类在农业生产实践中早就有认识。据记载,远在三千多年前,阿拉伯人和亚述人就认识到海枣有雌雄之分。在每年定期举行的一个特殊仪式上,由一个男人爬到雄株上取下一个雄花序,递给僧侣,僧侣再把它接触到雌花序上,人们以此认为可以确保海枣的丰收。

　　到了公元前4世纪, 亚里士多德认为植物没有动物那样的性别, 他认为新植物是母体多余的养料产生的。此后,植物性别问题似乎被遗忘了。到了16世纪,许多科学家还完全否认植物有性别,甚至有些人认为花朵的雄蕊是排泄器官,而花粉只是废物。直到1682年,才有人第一次明白地指出雄蕊是花中的雄性器官。十多年后, 一位植物园主任观察到:一

□ 植物也有性别

棵附近没有雄株的雌性桑树所产生的果实只含有不成熟的种子。受这个启发，这位植物园主任把一些雌性的山靛种植在盒里，使它们完全隔离，不受雄性的任何影响。他发现，虽然这些植物生长得很好，但其果实里却没有一个能够生育的种子。后来他又发现把玉米的柱头从幼穗上去掉以后，也同样不能形成种子。于是这位植物园主任得出结论：在植物界，种子的产生是植物维持种族的普遍特性，除非有

□ 两性豌豆花

花药参加，否则不可能事先在子房内准备好幼小的植物。花药具雄性生殖器官的作用，而子房和花柱则是雌性生殖器官。此后，一连串有关发现终于向人们表明了植物后代的产生也和动物一样，都是精卵结合之后形成的。

随着科学的发展，人类对植物性别的认识有了愈来愈深入的了解。原来，植物的性器官就是它们的花朵，雄性器官叫作雄蕊。雄蕊由花药和花丝两个部分组成。雌性器官叫雌蕊，由柱头、花柱和子房组成。拿玉米来说，顶上开的是雄花，是由花药和花丝组成的，花药中包含着千千万万的花粉；从玉米苞的苞叶尖上抽出来的"胡子"，则是雌花，它由柱头、花柱和子房组成，子房就是结果育种的地方。这种在一株植物上雌花、雄花分开的植物，叫作雌雄异花同株植物。而千年桐、银杏、油瓜等，虽然也是雌雄异花，但它们的雄花和雌花不生长在同一株树上。这样的植物，则被称为雌雄异株植物。雌雄异株的植物如果周围没有雄树，雌树就不会结果。比如，要想吃上香脆的开心果，果园里就不能只栽雌树，必须间隔一段距离栽些雄树。水稻、小麦又不同，它们的雌、雄性器官长在同一朵花里，植物学上把这种花叫两性花，这种植物则是雌雄同花植物。更有趣的像番木瓜，它既有单性花，又有两性花，

为混性植物。在一些雌雄同株异花的植物上，花的性别还可随着开花的部位，植株的年龄而变。如蓖麻，下部开的是雄花，中部开的是两性花，上部开的几乎全是雌花。如此看来，植物的性别比起动物来要复杂得多，雌雄划分也不像动物那样明显。

在农业生产上，大多数农作物都是采收果实或者种子的。这些作物的产量由它们开花结果的数量来决定。所以，研究植物开花以及性别对农业生产有很大的意义。现在，利用植物性别来提高农林作物的产量和质量，已成为现代技术的重要组成部分之一。例如，大麻以收获纤维为栽培目的，雄株比雌株生长速度快，纤维质量好，当然栽培雄株比较经济；如果以收获种子为栽培银杏的目的，就要选择雌株；而作为城市绿化的行道树，则选雄株为好。对于那些开花时会散出很多讨厌的絮状物的雄性杨树，在选行道树时，肯定要在幼苗期就淘汰了。

🔖 **知识链接**

### 植物性别

植物与动物一样，性别也是由存在于染色体上的基因决定的，通过对植物种子或幼苗进行染色体检查，就能准确地鉴别出树木的性别。但植物的性别是不稳定的，它在外界环境条件和药剂处理的影响下会发生改变。如花的性别虽然主要取决于遗传因素，但也受环境条件的影响。在生产实践中，如果适当调节光照、昼夜温差和水肥，可以人为地控制花的性别。

# 植物叶片也发电

**科普档案** ●名称:叶片　●分布:植物体　●特征:通常为薄的扁平体,进行光合作用

　　形态各异的植物叶片被人们形象地比喻为"绿色工厂",它们每天在绚丽的阳光下不断地进行光合作用,从而制造出大量其他生物赖以生存的有机物质和氧气。

　　在植物界,绝大多数花草树木都有叶子。人们常把形色各异、千姿百态的植物叶片形象地比喻为"绿色工厂",这一座座工厂就开设在广阔的平原、山野、田间和湖海之中,它们每天在绚丽的阳光下,不断地把空气中的二氧化碳和土壤中的水分吸进来,经过加工,制造出碳水化合物等有机物质,并同时释放出大量氧气,这个生产过程就叫作光合作用。据科学家估计,每年地球上的这些工厂竟要耗用 5500 亿吨二氧化碳,2250 亿吨水作为光合作用的原料,制造出 4000 多亿吨有机物质并释放出 1000 多亿吨氧气。全世界约 50 亿人口和无数的动物,都要依赖这些绿色工厂提供食物和氧气。

　　现在就让我们在显微镜下,仔细参观一下这座奇妙的工厂吧。在叶片的上下表面有一层排列紧密的表皮细胞,构成了这座工厂的"围墙"。有的叶子表面还长满了各种表皮毛,这对减少叶子体内水分的蒸发和抵御病虫侵犯,有良好的防护作用。在表皮细胞间镶嵌的气孔,则是叶子与外界环境进行气体交换的门户。绿色工厂的主体,就是围在表皮以内的叶肉细胞,其中紧接上表皮的栅栏组织细胞呈长柱状,排列十分整齐;海绵组织细胞排列疏松多隙,并靠近下表皮。每个叶肉细胞中含有大量叶绿体,不过,

阳光

二氧化碳　　　　　氧气

水　　　　有机物

□植物叶片的光合作用

栅栏组织细胞所含叶绿体的数量比海绵组织细胞的多4倍。如果把每个叶肉细胞比作一个"光合车间",那么,每个车间里的叶绿体就是制造有机产物最精密和高效率的"机器"了。在叶片这座绿色工厂中,原料与产品的运输任务是由其中的维管组织系统——叶脉来完成的。据统计,在每平方厘米的甜菜叶片上,叶脉的总长度就有70厘米。由此可见,每片叶子都有一个庞大的叶脉系统,它们由运输水分和无机盐的水质部导管,及输送光合产物的韧皮部筛管所构成,在整个植物体中,这些运输管道连成一体,四通八达。

在这座绿色的厂房里,你既听不到隆隆的机器声,也看不到繁忙劳动的工人。然而它却有条不紊地进行着一系列的生产过程。首先,从气孔吸进大量二氧化碳,以及由根系从土壤中吸入水分,经过维管组织的运输,把这些原料源源不断地送到光合车间,在叶绿体中进行深加工。机器工作时所需的能源和动力,就是来自取之不尽、用之不竭的太阳光。由叶绿体生产的产品,一是碳水化合物,通过专门运输管道——筛管送到根、茎、果实与种子中贮藏起来,以供利用;二是氧气,经过气孔排放到大气中去。

植物叶片的寿命有长有短。有些寿命可达几年,有些只有一年或几个月,甚至更短。叶片的寿命长短除了与植物本身的特性有关外,与生长的环境也密切相关。但无论其自身的生长环境如何,或是寿命长短,植物叶片都义无反顾地、默默地生产着养分。

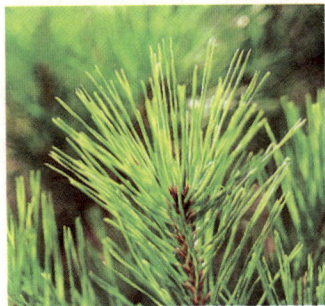

📕 **知识链接**

### 植物的叶片

植物的叶子大都是扁平的,这样的叶片与外界接触面积最大,接受阳光照射的面积也大,对叶片充分捕捉太阳能量进行光合作用十分有利。但有些植物由于适应特殊的生活环境和生活方式,植株上的叶子发生了变态。例如松树叶子就像一根细长的针,这样可以减少水分蒸发,抵御干旱。

# 常见的植物激素

**科普档案** ●名称:植物激素　　●分布:植物体内　　●特征:含量少,调节植物生长发育

植物激素是植物体内合成的对植物生长发育有显著作用的微量有机物质,包括生长素、赤霉素、细胞分裂素、脱落酸、乙烯和油菜素甾醇等。

　　动物的体内有多种激素,调节着动物的生长发育,有着十分重要的作用,那么植物体内有没有激素呢? 回答是肯定的。科学家们把植物体内合成的对植物生长发育有显著作用的几类微量有机物质,称为植物激素,包括生长素、赤霉素、细胞分裂素、脱落酸、乙烯和油菜素甾醇等。

　　最早对植物激素进行研究的是进化论奠基者达尔文。1880 年,达尔文在进行胚芽鞘的向光性实验时发现,金丝草的胚芽鞘在单方向照光的情况下向光弯曲生长。如果在胚芽鞘的尖端套上锡箔小帽,或将顶尖去掉,胚芽鞘就没有向光性。达尔文认为,胚芽鞘尖端可能会产生某种物质。胚芽鞘的尖端是接受光刺激的部位,胚芽鞘在单侧光的照射下,某种物质从上部传递到下部,导致胚芽鞘向光面与背光面生长速度不均衡,使胚芽鞘向光弯曲。大约半个世纪后,一位荷兰科学家找到了达尔文所描述的这种物质——吲哚乙酸。这就是植物激素中最早被发现的成员——生长素。

　　现在我们知道,屋子里的花草,会自动转向有光的地方,向日葵花紧紧跟随着太阳转,这些都是生长激素的作用。树的树冠,上尖下粗,这也是生长素的作用,顶端芽的生长素能抑制侧枝的生长,越靠下,顶端芽的抑制作用则越小,所以树冠就成了上小下大。知道了这一点,农民把棉株的尖端剪掉,侧枝增多,就有可能收获更多的棉花。绿化篱的顶芽被剪掉,它就不再长高,而是侧向发展,变得很厚,绿化效果就更好。生长素还能促进果实的生长。人

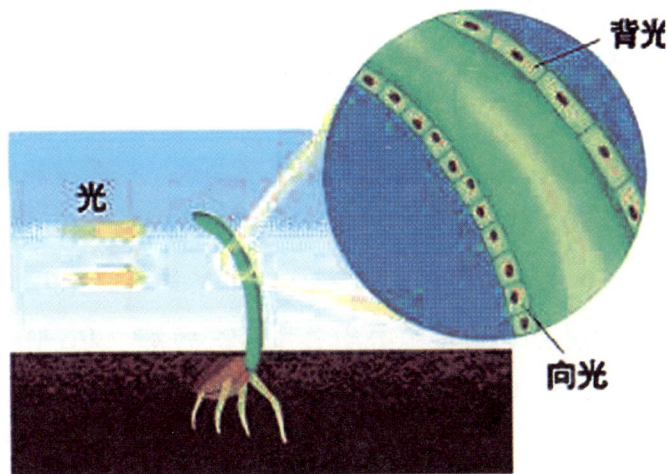

□植物向光性偏离方向与生长素浓度有关

们把没有授粉的苹果、桃、西瓜等注入生长素,就可以吃上无籽的果实了。

1926年,日本科学家在水稻恶苗病的研究中,发现感病稻苗的徒长和黄化现象与赤霉菌有关。1935年,科学家们从赤霉菌的分泌物中分离出了有生理活性的物质,定名为赤霉素。这种植物激素最显著的效应是促进禾本科植物叶的伸长。在蔬菜生产上,常用赤霉素来提高茎叶用蔬菜的产量。另外,赤霉素还可促进果实发育,打破块茎和种子的休眠,促进发芽。

1955年,美国科学家在烟草髓部组织培养中偶然发现,培养基中加入从变质鲱鱼精子里提取的DNA,可促进烟草愈伤组织强烈生长。后证明其中含有一种能诱导细胞分裂的成分,这就是细胞分裂素,第一个天然细胞分裂素是1964年从未成熟的玉米种子中分离出来的玉米素,以后,科学家们从植物中发现了十多种细胞分裂素。细胞分裂素的主要生理作用是促进细胞分裂和防止叶子衰老,另外,它还具有促进芽的分化等作用。

脱落酸是20世纪60年代初科学家们分别从脱落的棉花幼果和桦树叶中分离出来的。这种植物激素能够抑制茎和侧芽生长,是一种生长抑制剂。冬天,脱落酸可使植物叶子落光,进入休眠状态。

早在20世纪初,人们就发现用煤气灯照明时有一种气体能促进绿色柠檬变黄而成熟,这种气体就是乙烯。但直至60年代初期,人们用先进的仪器从未成熟的果实中检测出极微量的乙烯后,它才被列为植物激素。现在我们知道,大量的水果如果被装在一个容器里,就很容易变熟,甚至变坏,这就是乙烯在作怪。

目前,公认的第六大类植物激素是油菜素甾醇。这种植物激素具有促进细胞伸长和细胞分裂、促进花粉管伸长而保持雄性育性、加速组织衰老、促进根的横向发育、顶端优势的维持、促进种子萌发等生理作用。

虽然植物激素都是些简单的小分子有机化合物,但它们的生理效应却非常复杂多样,从影响细胞的分裂、伸长、分化到影响植物发芽、生根、开花、结实、性别的决定、休眠和脱落等,所以说,植物激素对植物的生长发育有重要的调节控制作用。

📖 **知识链接**

## 植物生长调节剂

植物激素在植物体内含量极小,除科学研究外,生产上难以应用。因此,科学家们很早就开始人工合成植物激素,用来控制植物的生长。这些人工合成的化学物质叫作植物生长调节剂。目前植物生长调节剂已经有 100 多种,已在农业、林业、牧业、园艺、花卉、育种、栽培管理、提高植物抗性等领域中广泛应用。

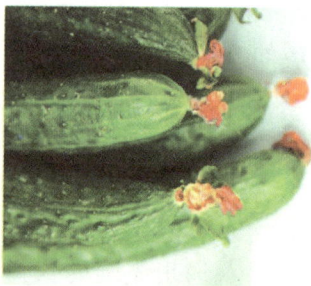

# 奇异的植物陷阱

**科普档案** ●名称:马兜铃 ●分布:各地郊野路边 ●特征:多年生的缠绕性草本

有的植物开花艳丽，美不胜收，却是麻醉人的毒品；有的植物娇嫩可人，却是致命的死亡陷阱。

越是漂亮的植物越是危险。有的植物开花艳丽，美不胜收，却是麻醉人的毒品，如罂粟；有的植物娇嫩可人，却是致命的死亡陷阱。

马兜铃会巧设陷阱。它的花像个小口瓶，瓶口长满细毛。雌蕊和雄蕊都长在瓶底，不过雌蕊要比雄蕊早熟几天。雌蕊成熟的时候，瓶底会分泌出一种又香又甜的花蜜，把小虫子吸引过来。小虫子饱餐一顿后想要返回时，早已身不由己，陷进"牢笼"了。因为瓶口细毛的尖端是向下的，进去容易出来难。小家伙们心慌意乱，东闯西撞，四处碰壁，不知不觉中所带来的花粉就粘到了雌蕊上。几小时后，雌蕊萎谢了，小虫子依然是"花之囚"。直到两三天后，雄蕊成熟了，小虫子身上沾满了花粉，才能重见天日。那时，马兜铃会自动打开瓶口，瓶口的细毛也枯萎脱落了，贪吃的"使者"们才得以逃出"牢笼"。不过，刚恢复自由的小虫子又会飞向另一朵马兜铃花，心甘情愿地继续充当"媒人"。

除了马兜铃，还有一些会设陷阱的植物。有一种萝

□马兜铃

摩类的花，虫子飞来时细脚会陷入花的缝隙中，拼命挣扎后脚上沾满了花粉，一旦从缝中拔出脚来，便一溜烟似地跑了。拖鞋兰的花更是别具一格：兜状的花中，没有明显的入口处，也看不到雄蕊和雌蕊，只有中间有一道垂直的裂缝。蜜蜂从这儿钻进去，就来到一个半透明的小天地里，脚下到处是花蜜。尝了几口准备离去时，后面已封闭起来，只有上面开着一个小孔，蜜蜂只好沿着雌蕊柱头下的小道勉强穿过，这时身上的花粉被刮去，它再钻过布满花粉的过道，身子上沾满了花粉，这是拖鞋兰花请蜜蜂带到另一朵花中去的。

一些植物虽然不设陷阱，但也会欺骗动物前来为自己传授花粉。其中，兰花属植物是当之无愧的"骗术大师"。杓兰是欺骗昆虫的高手，在杓兰的花里面其实并没有花蜜，昆虫只是被它的芳香所招引而投入了"陷阱"。蜜蜂一旦进入雄花，不小心就会掉进花的底部，结果里面什么也没有，它只好拼命

□拖鞋兰

□杓兰

□留唇兰

地往外爬,这时蜜蜂浑身沾满了雄花的花粉,尔后它再飞进另一个雌花"陷阱",就能向雌花授粉。留唇兰的骗术更加高明。它的花朵形态和颜色,活像一只蜜蜂。一片留唇兰在风中摇曳,简直就像一群好斗的蜜蜂在飞舞示威。蜜蜂有很强的"领土观念",它们发现假蜂在那儿摇头晃脑,便群起而攻之。结果,正中留唇兰的下怀,蜜蜂的攻击对花朵毫无损伤,却能帮助它传授花粉。

向日葵又被称为朝阳花,原产于北美洲,它艳丽的外表也隐含着骗术。向日葵的顶端有一个金黄色的圆盘,看起来像一朵美丽的大花,但事实上这朵大花是由1000朵小花组成的,金黄色圆盘的边缘是一些中性的黄色舌状小花,并不结果实,而中间棕黄色的两性筒状小花,才能结果,边缘的舌状小黄花只起引诱昆虫的作用。被向日葵鲜艳色彩吸引而来的蜜蜂等昆虫,其实是在两性筒状花上采蜜的,它们在上面爬来爬去,这样就为向日葵传播了花粉。

### 🔖 知识链接

#### 植物的伪装

植物世界有着庞大的种群,绝大部分植物都能从阳光中获取赖以生存的食物,但也有部分植物被发现窃取"他人"劳动果实,这或许是一种更容易的生存方式,在这种情况下,它们就会巧妙地伪装设下陷阱。当然,这是一个漫长的进化过程,是植物适应外界求得生存的一种自然反应。

# 树木的档案年轮

**科普档案** ●名称:年轮　　　　●分布:树桩上　　　　●特征:环状轮圈

砍伐后的树桩上，能清晰地看到一圈套着一圈的许多同心圆，这些就是树木的年轮。数年轮是测定树木年龄的方法之一。

自然界中的树木都是比较长寿的,有百年以上的大树,也有上千年的古树。那么,人们是如何知道它们的年龄? 数年轮就是很好的方法之一。从砍伐后留下的树桩上,你能清晰地看到一圈套着一圈的许多同心圆,这些就是树木的年轮。

年轮是怎样形成的呢? 当树木茎干的形成层细胞分裂时,树的直径就增加了。树内的新细胞形成木质部分。在春季及夏初生长期形成的细胞,通常比夏末秋初大得多,所以木质颜色浅而宽厚,被称为早材。而夏末秋初生的细胞较小或根本不生长,所以这种木质部看上去颜色深而窄,被称为晚材。早材与晚材逐渐过渡而形成一轮,晚材与次年早材之间则形成界限分明的轮纹,这就是年轮。年轮一年一轮,查看年轮的圈数就可以知道树的年龄了。

古人很早就知道树有年轮, 但对年轮进行研究并取得重大成果的是美国科学家道格拉斯。20世纪初,道格拉斯在一个伐木场考察新伐树木的年轮类型时意外发现, 该地区与附近地区的树木年轮类型几乎一模一样。例如,它们在树心处都有两道薄薄的年轮, 而外围的 3 道年

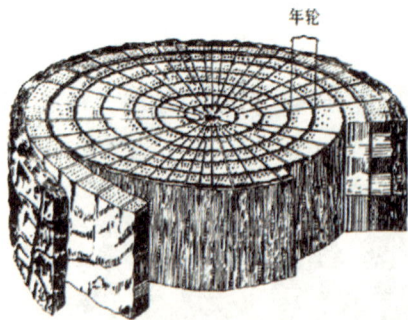

年轮

□年轮

轮却很厚。道格拉斯马上把这种现象与气候联想在一起,并推测,在当地有2年坏天气和3年好天气。因为植物在恶劣气候中生长速度必定减慢,形成的年轮就薄,而在好气候时正好相反。

道格拉斯后来还发现,树木年轮宽窄的变化具有11年的周期。他从美国、英国、挪威、瑞典、法国和奥地利等国广泛搜集粗大的树木进行分析,都得出了同样的结论。是什么原因造成树木年轮有规律的变化呢?研究了好久,他终于茅塞顿开:太阳黑子数不是有11年变化周期吗?他把树木年轮变化和太阳黑子数变化一对比,两种变化居然相同!原来是太阳辐射的变化影响了树木的生长。根据自己的研究成果,道格拉斯创立了一个新的学科——树木年代学。在道格拉斯之后,许多科学家又对年轮形成的生理过程与气候的关系作了深入剖析,对样本树种的选择和年轮序列的统计分析等有了新的认识,逐步建立了另一门新学科——年轮气候学。

如今,年轮已成为科学研究的一个重要领域。人们用一种专门的钻具可以从树皮直钻到树心,取出一个有全部年轮的薄片。用这种方法,不需再砍倒树木就可以计算出树木的年龄。通过对年轮变化规律的研究,科学家们不但能发现年轮纪录的诸如地震、火山爆发、大气污染等环境变迁资料,而且还可以用这份很有价值的"自然历史纪录卡"来分析当地的气候变化规律,推测未来气候的变化,对制定超长期气候预报和规划造林方面提供指导和参考。近年来,科学家们还发现年轮还能为冰川学、水文学、地球物理学等方面的研究提供可靠的科学资料。

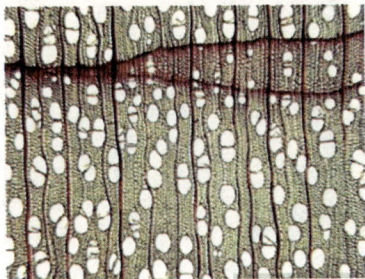

📕 **知识链接**

### 假年轮

一个年轮代表着树木一年中生长的情况。但是,也有一些木本植物如柑橘每一年能够有节奏地生长三次,形成三轮,这被称为"假年轮"。在热带地区的树木,由于气候季节性的变化不明显,年轮往往也不明显。所以,由年轮计算出来的树木年龄,只能是一个近似的数字。

# 植物的结晶琥珀

**科普档案** ●名称:琥珀　●分布:波罗的海南部沿岸　●特征:怕火、汽油、酒精

琥珀是松柏纲植物的结晶,是一种具备不平常艺术魅力的化石,不仅在学术研究上具有重大的研究价值,而且还可以作为装饰品。

　　说到琥珀,大家可能不觉得陌生,它是一种具备不平常艺术魅力的化石,不仅在学术研究上具有重大的研究价值,而且还可以作为一种装饰品。琥珀里往往包含着奇异的昆虫,这些昆虫栩栩如生,或展翅飞翔,或沉静歇息,有的连最细微的翅膀和绒毛都丝毫未损。那么,琥珀是如何形成的呢?那些昆虫又是如何进入到琥珀中去的呢?

　　琥珀其实是一种裸子植物——松柏纲植物的结晶。远古时,可分泌树脂的松柏纲植物的枝条被折断时,树胶就从伤口中流出来,并散发出阵阵清香,引来嗅觉灵敏的昆虫。当昆虫与树胶一接触,它就被牢牢地粘住了。而树胶仍源源不断地流出来,把昆虫包裹得严严实实,昆虫与外界就完全隔绝了。因此,昆虫也就幸免于细菌的分解作用,而完整地保存下来。随着年代的推移,地壳的运动,原始森林被埋在地下,树木变成了煤炭,而一团团树胶就变成了透明的化石。所以,琥珀实际上是由古代植

□琥珀化石

□琥珀

物的分泌物所形成的,是一种遗物化石,而琥珀中的昆虫则是一种身体未变的遗体化石。看起来这类化石没有岩石类的石质感,但它也经历了形成化石的一切过程,我们称之为特殊的化石——有机化石。正因为如此,它也就和现代的天然树脂有着本质的不同。

世界上最大的琥珀地点分布在波罗的海南部沿岸。一万多年以前,冰河时代的严寒还没有在波罗的海地区消失殆尽,地面植被主要是低矮的灌木林,大量的野生动物如驯鹿、狼、旅鼠、野兔等生活在这一地区。狩猎与渔业是这一时期居民的主要生产活动。他们在捕捞水生贝壳动物的时候,常常捡到各种形状的琥珀。晶莹剔透、光洁美丽的琥珀引起了他们强烈的兴趣。长期的接触使他们发现小小的琥珀有着许多奇妙的特征。比如,握在手中给人一种温暖感;对着太阳照,它又是透明的,在兽皮上摩擦后,它能够吸附灰尘和木屑;它易雕刻更易点燃,燃烧后散发出的树脂清香能让人产生某种幻觉。就当时人类生产力和智力发展水平而言,他们还无法科学地解释琥珀具有的种种奇怪特性。在他们看来,琥珀有着特殊的力量。因此,除了用琥珀做装饰品外,他们还把它用于宗教仪礼活动中。

作为人类最古老的饰物之一,在中国、希腊和埃及的许多古墓中,都曾出土过用琥珀制成的饰品。我国古人称琥珀为"遗玉",古希腊人认为大块琥珀是太阳神女儿们的眼泪所凝成的,古代欧洲和中东人则称之为"北方之金"。琥珀自古就是皇亲贵族趋之若鹜的宝物。汉高祖刘邦时，宫中两根柱子顶端分别镶有琥珀和水晶，以代表太阳和月亮。古罗马人赋予琥珀极高的价值，一个琥珀刻成的小雕像比一名健壮的奴隶价值都高。

□波罗的海各城市的街头，到处是数不清的琥珀商店或小摊

琥珀内部的包裹体除了有苍蝇、蚊子、蚂蚁、蜜蜂等动物之外，还有一些植物如伞形松、种子、果实、树叶等。这些丰富的包裹体不仅构成了美丽的图案，也为科学家研究当时的环境提供了极其珍贵的证据。科学家们已成功地从琥珀所含的化石中提取出一些生物的遗传 DNA，这对生物演化的研究将产生巨大的影响。

📖 知识链接

### 裸子植物

裸子植物是种子植物中较低级的一类，因为它们的胚珠外面没有子房壁包被，不形成果皮，种子是裸露的，所以称为裸子植物。现代裸子植物约有 800 种，隶属 5 纲，即苏铁纲、银杏纲、松柏纲、红豆杉纲和买麻藤纲。我国的裸子植物种类，约占全世界的一半，资源丰富，居世界之首。

# 会变性的印度天南星

**科普档案** ●**名称**:印度天南星 ●**分布**:温带和亚热带地区 ●**特征**:植株可转换性别

生物世界中，变性现象并不罕见，除了一些动物能够变性外，也有会变性的植物，印度天南星就是其中之一。

生物世界中，变性现象并不罕见：鳝鱼在幼小时是雄性的，长大后便变为雌性了；此外，还有欧洲鲈鱼等也是变性动物。那么，有没有会变性的植物呢？回答是肯定的。印度天南星就是变性植物之一。

印度天南星是一种生长在温带和亚热带地区的林下或小溪旁的多年生草本植物。它雌雄异株，且有雄株、雌株和无性别的中性株三种类型。有趣的是，这三种植株可年复一年地互相转换性别，直到死亡为止。早在20世纪20年代，植物学家就发现了印度天南星的这种变性现象。可是长期以来，人们猜不透其中的奥妙。最近，美国一些植物学家研究发现，中等大小的印度天南星通常只有一片叶子，开雄花。大一点的有两片叶子，开雌花。而在更小的时候，它没有花，是中性的，以后既能转变为雄性，也能转变成雌性。经过进一步的观察，他们又发现，印度天南星的变性同植株体型大小密切相关，植株高度值以398毫米为界，超过这一高度的植株，多数为雌株；小于这一高度的植株，多数为雄株。另外他们还发现，植株的高度在100~700毫米间，都可能发生变性，而380毫米却是雌株变为雄株的最佳高度。

印度天南星能随环境条件而改变性别的特性，对其生殖有重要意义。植物在开花，尤其是在结实时需要以消耗大量营养物质为代价，体型高大的植株才能制造更多的养分供结实需要，所以大型植株多为雌株，这样，小型植株多为雄株。前一年为雌株的大型植株，由于结实消耗了大量的营养，第二年便又变为雄株。当环境恶劣时，雌株没有足够的养分开花结实，如果它们转变为雄株，便可以使相距较远、生长在环境较好地方的雌株有较多机会获得花粉。至于中性植株的存在，也是由体内营养物质所决定的。而且同样与环境条件有关。当它既不能变为雌株，又不"甘心"变为雄株时，就只好暂为中性了。有趣的是，印度天南星不仅依靠变性来繁殖后代，还利用变性来应付不良环境。当动物吃掉印度天南星的叶子，或大树长期遮挡住它们的光线时，印度天南星也会变成雄性。直到这种不良环境消失后，它们才变成雌性，繁殖后代。

□印度天南星花

从印度天南星的例子可以看出，高等植物的性别并不像动物那样，在胚胎时期就已决定，而是在其生长、分化和发育成熟后的某个阶段才能确定。因此高等植物的性别分化具有不稳定性。外界环境条件如营养、温度、湿度、日长、光强、植物激素等因素都对其有不同程度的影响。掌握了植物的这种特性，对那些较易改变性别的植物进行研究，通过适当地改变外界环境条件，就可以有效地控制一些植物的性别，使之向人们意愿的方向转化。目前，这方面的研究还在不断深入。不久的将来，如果人类能去控制植物的性别，成为大自然的主人，农业生产将会更上一层楼。

## 📖 知识链接

### 变性的树木

植物王国的变性现象比较少见，在树木中更为罕见，但一种名叫巴西棕榈的高大乔木也存在变性现象，在它的一生中要几次改变性别。巴西棕榈的性变与其体内获得的光能有关，一棵棕榈树获得能量较多的时候为雌性，可以开花结果；反之，则为雄性。另外，北美洲的一种最普通的树木——红枫树也存在变性现象。

# 胎生的红树

**科普档案**　●**名称**:红树　　●**分布**:热带、亚热带　　●**特征**:胎生,花、果期近全年

在自然界中，植物也有胎生现象，红树就是其中之一，这和它特殊的生活环境有密切的关系。

所谓胎生,是指胎儿在母体中发育完全后,生下来的幼小个体能独立生活。动物大多是胎生的,在自然界中,有些植物也有胎生现象,红树就是其中之一。

一般植物的种子成熟以后,马上脱离母树,经过一段时间的休眠,然后在适宜的温度、水分和空气的条件下,在土壤里萌发成幼小的植株。但是红树种子成熟以后,既不脱离母树,也不经过休眠,而是直接在果实里发芽,吸取母树里的养料,长成一棵胎苗,然后才脱离母树独立生活。为什么红树是胎生呢? 原来这和它特殊的生活环境有密切的关系。

红树是一种小乔木,高 2~12 米,生活在热带、亚热带沿海一带的海滩上。在这些地方,红树和别的树木一起,组成了红树林。红树林里有常绿的乔木和灌木,树林非常稠密。海滩上每天涨潮、退潮,涨潮时,树木的树干全被海水淹没,树冠在水面上飘荡;退潮后,棵棵树木又挺立在海滩上,形

□红树

□法属波利尼西亚的海滩红树林

成了海滩上的奇特景观。

红树所处的环境极其不稳定,潮水的涨落对它的威胁极大,如果没有非凡的本领,就休想在海滩上定居下来。就拿种子萌发来说,如果红树种子成熟后,马上脱落坠入海中,就会被无情的海浪冲走,得不到繁殖后代的机会。可是,红树靠着种子胎生,却能世世代代在海滩上繁衍生息。

红树每年开两次花,春季一次,秋季一次。一棵红树花谢以后,能结出300多个果实。果实细而长,一般在20厘米以上。每个果实中含有一粒种子。当果实成熟时,里面的种子就开始萌发,从母树体内吸取养料,长成胎苗。胎苗长到30厘米时,就脱离母树,利用重力作用扎入海滩的淤泥之中。几小时以后,就能长出新根。年轻的幼苗有了立足之地,一棵棵挺立在淤泥上面,嫩绿的茎和叶也随之抽出,成为独立生活的小红树。如果胎苗下坠时,正逢涨潮,就会马上被海水冲走,随波逐流,漂向别处。但胎苗不会被淹死,因为它的体内含有空气,可以长期在海上漂浮,不会丧失生命力,有的甚至在海上漂浮二三个月,一旦漂到海滩上,海水退去时,就会很快地扎下根来,成为开发新"领土"的勇士。经过几十年,又会繁衍成一片红树林。

红树在适应海滩生活方面,除了具有胎生本领之外,还能长出许多支柱根和呼吸根。它的一条条支柱根，从树枝上生出，直插海滩淤泥中，全力支撑着浓密的树冠，成为抵御风浪的稳固支架。它们聚成丛林，可以护堤、防风、防浪，保护沿海农田不受海浪或大风的袭击，形成一道道坚不可摧的铜墙铁壁。而且它们那些纵横交错的支柱根，挡住了陆上冲来的泥土，加速了海滩淤泥的沉积，使海岸不断向大海延伸，所以红树林也被人们誉为"造陆先锋"。

红树浑身全是宝，其木质坚硬细密，可做家具，是建筑与桥梁用材；红树的叶和花是鱼虾的天然饲料，树皮可提炼成鞣皮革的单宁，还可以制药，果实可以酿酒，其经济价值是很高的，很有进一步开发利用的价值。

📕 **知识链接**

### 胎生植物

在种子植物中，不只红树有胎生本领，生长在东南亚沼泽地带的天南星科植物纤毛隐棒花，生长于墨西哥、中美洲和印度群岛的佛手瓜以及马鞭草科的红海榄、紫金牛科的桐花树、红树科的秋茄树和草本植物胎生早熟禾等，都是胎生植物。

# 独木成林的榕树

**科普档案**　●**名称**:榕树　　●**分布**:热带、亚热带　　●**特征**:树形奇特,枝叶繁茂,树冠巨大

> 俗话说"独木不成林",然而,一种生长在热带和亚热带地区的大树就能创造出这样的美妙景观,它便是榕树。

　　俗话说,独木不成林,然而,大千世界无奇不有,在世界上很多地方都有一棵树长成的"独木林",这种树就是榕树。

　　早在公元前3世纪,欧洲植物学之父,古希腊伟大的自然科学家乔奥拉斯特曾经作过这样的描写:在印度生长的榕树,直径通常是10~12米。这种树能从自己的枝丫,不是从嫩枝上,而是从上年甚至更老的枝丫上长出根来。这些根一直延伸到地里去,在树干的周围好像构筑了一道栅栏,里面通常住着人,这种树的树顶绿叶茂密;整株树圆滚滚的,非常巨大,绕着树

□巨大的榕树

干走一圈有时候要走 60 步，一般是 40 步。

孟加拉国的杰索尔地区，还有一棵更大的榕树，形成一片闻名世界的榕树独木林。这棵孟加拉的巨榕已有 900 多岁，600 多根树干亭亭玉立，树高 40 多米，树冠巨大，投影面积达 42 亩之多。据说，过去曾有一支六七千人的队伍，在酷热的夏天，行军到这棵树下，汗流浃背，疲惫不堪，借着榕树凉爽的树荫，避过了正午难以忍受的暑热。

榕树为什么能独木成林呢？原来，榕树属桑科植物，生活在高温多雨的热带、亚热带地区，枝叶繁茂，终年常绿。它的树干上长了许许多多的不定根，有的悬挂半空，有的已插入土中，因此，也叫气生根。榕树的气生根有粗有细，粗的如水桶，细的如手指。新长出的气生根较细，以后越长越粗，形成了一根很粗很粗的树干。那些扎入地里的气生根共同支撑着巨大的树冠。一棵大榕树的气生根，少则百条，多则千条。这些能支撑树冠的气生根，人们也叫它支持根。一棵榕树由小树长成大树，随着气生根的增多，从土壤吸收的养料也越来越多，树冠也长得越来越大。

榕树除去有庞大的树冠和离奇的气根之外，在它身上还附生和寄生着多种其他植物，有苔藓、石斛、兰草、藤蔓等，它们的枝条从大榕树的顶端像头发一样披散下来，又钻入土中。有的寄生植物缭绕盘结在大榕树的主干上，一簇簇的热带兰花生在大榕树的枝杈里，飘落下阵阵幽香，真仿佛是一座"空中花园"！花园自然会引来无数的小鸟，于是又成了鸟类的天堂。

奇妙的榕树也留下了奇迹般的古迹。云南德宏傣族自治州的首府芒市，有一处榕树抱佛塔的奇观。相传五六百年前，一位僧人在这里修建了一座小佛塔。不知过了多少年，塔顶长出一颗小榕树，小树渐渐长大，它的根

□云南德宏傣族自治州的榕树抱佛塔

须顺着塔缝向下延伸,扎入土中,渐渐发育成高大的树干,把塔紧紧地箍在中间,其中有些根须还扎在泥块结构的佛塔躯体里,在佛塔的腹心中发展起来。在风蚀雨剥和大榕树的袭击下,佛塔最后开裂倾斜了,而大榕树却枝繁叶茂,将高达8米的佛塔全身包裹,人们称之为榕树抱佛塔。

在广东省顺德区容奇镇桂州乡还有一座"树桥"的奇观。传说,在200多年前,当地人考虑以木搭桥未必耐久,便在河边种了一株小叶榕树,并用大毛竹牵引它的气根,延伸到河的对岸,共有三根,后来,三根渐渐长得粗壮,人们便在上面搭铺木板,成为一座意趣盎然的风景桥。奇怪的是,后来,这株大榕树自身又伸出一条四米多长的气根跨向对岸,高出桥面约70厘米,成了一道天然而又别具一格的桥栏杆。四方游客慕名远道而来,无不为大自然的巧工惊叹!

📕 **知识链接**

### 植物的变态

植物为了适应特殊生活方式或特殊环境,它们的根、茎、叶的形状、结构和用途常常会发生很大变化,这种变化属于变态。榕树的气生根就是发生变态的根。植物的变态根种类很多,包括常春藤的攀缘根;胡萝卜、甘薯和甜菜等的贮藏根;一些生长在淤泥或沼泽地区的植物的呼吸根等。

# 长寿之星龙血树

**科普档案** ●名称:龙血树　　　●分布:加那利群岛　　　●特征:喜高温多湿,喜光

自然界中,许多树的寿命都在百年以上,而这其中的"老寿星",当属龙血树。

俗话说:人生七十古来稀,人活到百岁就算长寿了。但是人的年龄比起一些长寿的树木来,简直微不足道。在植物王国,年龄超过 100 岁的树木有很多:苹果树可以活 100~200 年,梨树能活 300 年,枣树可以活 400 年,榆树可以活 500 年,樟树则可以活 800 年以上,松树可以活 1000 年。有人说,雪松能活 2000 年,银杏能活 3000 年,红桧能活 4000 年,它们应该算是长寿植物了;但与"长寿之星"龙血树相比,它们只能算是"小朋友"。

□地貌独特的加那利群岛

龙血树原产于非洲西部的加那利群岛。这些岛屿是古代火山爆发以后形成的,遍布群岛的肥沃的火山灰土和温暖的气候造就了岛上葱茏的植被。1799 年,德国著名的博物学家洪堡德与法国植物学家邦普兰

□加那利群岛沙滩

一起,赴中南美洲考察,历时 5 年。随后,洪堡德又只身一人来到位于北回归线附近的加那利群岛,马上被岛上丰富多彩的植物世界所征服。在浩瀚如海的树林中,他发现一棵树皮略显灰白,在高高的顶端分枝的老树。其主干高达 15 米,树干粗达 5 米,在长长的枝条端部簇生着剑形的叶片。只是由于树干的中心已被蛀空,因此在离地 3~4 米处被大风吹断而斜倚在地上,断处的直径也有 1 米多粗。洪堡德将树干外围的年轮仔细地数了一遍,发现光是外围的年轮就有 2000 多圈。如果加上蛀空的部分,估计年轮约有 8000 多圈,也就是说它已经生长了 8000 多年。后来几经鉴定,确认这棵树就是百合科的高大乔木——龙血树,并且确认龙血树为世界上最长寿的树。

龙血树茎干上的树皮如果被割破,就会分泌出深红色的像血浆一样的黏液,这种液体是一种树脂,暗红色,俗称"血竭"。加那利群岛上的当地人传说,龙血树里流出的血竭是龙血,这是巨龙与大象交战时,血洒大地而生出来的。在古代,人们用龙血树的树脂做保藏尸体的原料,因为这种树脂是一种很好的防腐剂。另外,它还是古人做油漆的原料。后来人们发现血竭能药用,有止血、活血和补血三大功效,是治疗内外伤出血的重要药品。

龙血树之所以长寿,除了和它的生长速度有关之外,也与它能够分泌血竭有关。长寿的植物往往生长缓慢,龙血树在一年之内树干加粗还不到一厘米,一棵树干直径一米的龙血树年龄超过百年。所以龙

□龙血树

血树长寿和它的生长速度非常缓慢有密切关系。其次也和木质部能分泌防腐树脂有关。各种树木到了老龄时，树皮往往开始破损，病虫也随之侵入，里面的木质部就会开始腐烂，出现树洞。如果木质部进一步腐朽，整个植株就会死亡。事实上很多树木都是死于根茎木质部的毁坏。龙血树的红色树脂具有防腐作用，很好地保护了根茎，生活了几千年的老树根茎仍然强健。另外，岛屿上环境气候变化不大，龙血树在这种环境中生长，寿命自然长久。

龙血树为百合科龙血树属植物，同属的植物约有150种，其中除了高大的乔木外，还有直立单茎和矮生多茎的种类。不少种类的叶片上具有色彩斑斓的条纹和斑块，所以龙血树还是观赏价值很高的观赏植物。

📕 **知识链接**

### 野生龙血树

　　我国科学家于1972年在西双版纳的石灰岩地带，发现了大片野生的龙血树。这种龙血树的叶片形似剑状而坚挺，故称剑叶龙血树。它虽然与加那利群岛上的龙血树不同，但分泌的血竭成分却完全一致。现在，它与传统的云南白药并称为云南红药。

# 花似白鸽的珙桐

**科普档案**　●**名称**:珙桐　　●**分布**:我国南方一些地区　　●**特征**:花形似鸽子展翅

珙桐是 1000 万年前新生代第三纪留下的子遗植物，在第四纪冰川时期，大部分地区的珙桐相继灭绝，只有在我国南方的一些地区幸存下来，成为植物界今天的"活化石"。

　　有这样一些植物:它们曾在几亿年前的地球上生长过，起初人们只是在化石中发现过它们的踪迹，但忽然有一天，在地球的某个角落人们又发现了它们的身影，它们悄悄地、不惹人注意地在角落里自由地生长着，并不在乎现今植物"户籍"中没有自己的"户口"。这种植物被称为子遗植物，珙桐就是这样一种珍稀植物。

□珙桐

□关于珙桐的传说

　　珙桐是一种落叶乔木，高可达 20 米。它是 1000 万年前新生代第三纪古热带植物区系的孑遗种。当地球上第四纪冰川期过后，很多树种都绝灭了，而我国南方一些地区，由于地形复杂，在局部区域保留下一些古老的植物，珙桐就是那时候幸存下来的成员之一。

　　1896 年，曾在我国发现了大熊猫、金丝猴等珍稀动物的法国神父戴维在四川省穆坪看到了珙桐。当时正值开花季节，珙桐树上一对对白色花朵躲在碧玉般的绿叶中，随风摇曳，十分有趣。远远望去，仿佛是一群白鸽躲在枝头，摆动着可爱的翅膀，做出振翅欲飞之态。顿时，这位神父被眼前的奇景迷住了，回国后向人们大肆宣扬自己的亲眼所见。从此以后，许多欧洲植物学家为了一睹奇树的真容，纷纷远渡重洋来到中国，他们不畏艰险，深入到四川、湖北等地进行考察。1903 年，珙桐首先被引种到英国，以后又传到其他国家，渐渐成为欧洲的重要观赏树木，并被欧洲人誉为"中国鸽子树"。

　　珙桐现已成为世界著名的观赏植物，是世界各地重要的园林树种，观赏花木中的上品。珙桐虽然曾是我国特有的珍稀树种，但在我国重新发现它却比较晚。20 世纪 50 年代，周恩来总理到日内瓦参加一个国际会议，在他下榻的宾馆院子里看到了珙桐树。总理感到新奇，询问此树何名，宾馆主人回答说："这是从贵国引进的树种，名叫鸽子树。"周总理回国后，向有关人员打听，并希望植物专家能寻找到鸽子树。不久，昆明的一个植物研究所报告说,他们在云南发现了这种树,从此珙桐才开始进入我国的庭院。

关于珙桐,民间还流传着一个动人的传说。相传在2000年前的汉代,王昭君出塞与呼韩邪单于结为夫妇。她日夜怀念故乡,每日清晨总要向南祈祷。天长日久,随王昭君同去的白鸽也跟着一起向南点头。一年新春,昭君因怀念故乡便写了一封书信托白鸽去送。这群白鸽结伴传书,一路上穿云雾搏风雨,翻越了99座山,飞过了99条河,经历了99个日夜,终于飞到王昭君的故乡秭归,白鸽栖息在鸽笼般的桐树上,化为振翅欲飞的洁白鸽子花。此后每年春天,鸽子花开就代表昭君向故里的乡亲们问好。至今,珙桐仍然有着和平的象征意义。

珙桐现在是我国一级重点保护植物中的珍品,属于珍稀名贵观赏植物。另外,珙桐的经济价值也很高。它的果实含油量高达47%~67%,种子和果皮都能榨油,是优质的食用和工业用油;果肉可提炼香精;木材又是制作细木雕刻、名贵家具的优质原料。

### 📖 知识链接

#### 野生珙桐

我国自然野生的珙桐都生长在深山密林之中,如湖北的神农架、贵州的梵净山、四川的峨眉山、湖南的张家界和天平山以及云南的东北部地区。它们大多生长在海拔1200~2500米的山地,最大的可高达30米,树龄超过百年以上。

# 稀奇古怪的光棍树

**科普档案** ●**名称**:光棍树 　●**分布**:热带和亚热带 　●**特征**:无叶,枝条碧绿光滑

光棍树没有绿叶,但枝条里含有大量叶绿素,能代替叶子进行光合作用,制造出供植物生长的养分。

在西双版纳热带植物园里,偶尔会遇到一种怪树:整个树身不见一片叶子,满树尽是光溜溜的碧绿枝条,若折断一小根枝条或刮破一点树皮,就会有白色的乳汁渗出。根据它的奇特形态,人们给它起了个十分形象的名字——光棍树。

光棍树属大戟科灌木,高可达 4~9 米,因它的枝条碧绿,光滑,有光泽,所以人们又称它为绿玉树或绿珊瑚。为什么光棍树不长叶子?它靠什么来制造养分,维持生存呢?要想揭开这个谜,还要先来看看它的故乡的生活环境。

光棍树原产于东非和南非。那里的气候炎热、干旱缺雨,蒸发量十分大。在这样严酷的自然条件下,为适应环境,原来有叶子的光棍树,经过长期的进化,叶子越来越小,逐渐消失,最终变成现在这副怪模样。光棍树没有了叶子,就可以减少体内水分的蒸发,避免被旱死的危险。光棍树虽然没有绿叶,但它的枝条里含有大量的叶绿素,能代替叶子进行光合作用,制

□西双版纳光棍树

造出供其生长的养分,这样光棍树就得以生存了。但是,如果把光棍树种植在温暖潮湿的地方,它不仅会很容易繁殖生长,而且还可能会长出一些小叶片,生长出的这些小叶片,可以增加水分的蒸发量,从而保持体内的水分平衡。

非洲沙漠中还有一种叫阿康梭锡可斯的丛生灌木。这种葫芦科植物几乎同人一样高,全身也不长一片叶子,但身上却到处布满了成对的尖刺,这就是它退化了的叶子。这种植物根系十分发达,向下可深达15米,能钻入沙漠深处吸收地下水。根深,叶子缩成针状,就是它对付干旱的两大绝招。

□假叶树

□梭梭

最有趣的是原产于欧洲的假叶树,人们看到的叶片全是假的,而真正的叶片已退化成鳞片状。当鳞片状真叶子长出不久,便从叶腋间长出扁平状的短枝,它不仅形状像叶子,而且还是绿色的,能代替叶片进行光合作用。到了开花季节,在叶状枝的中央开出淡绿色的花,不久便结出逗人喜爱的小果,果实成熟后呈红色,成为叶上果的奇观。

分布于我国内蒙古、甘肃、青海、新疆等地的梭梭也是一种叶子已经退化的光棍树。梭梭一般高1~5米,它的根系十分发达,一般主根深达2米多,最深者可达4~5米以下的地下水层。梭梭耐风沙,即便沙埋以后,仍然生长旺盛。所以梭梭是重要的固沙植物,对治理沙漠具有重要作用。

在我国的广东、福建沿海还可见到另一种不长叶子的植物——木麻黄。它原产于澳大利亚和太平洋的岛屿上，我国引进后主要用作滨海防护林带，控制风沙的侵袭。木麻黄是一种高可达 20 米的常绿乔木，在它轻柔的枝条上长有许多灰绿色的针状物，远看上去，倒是

□木麻黄

有点像松树的松针，因此它又叫"驳节松"。但只要仔细观察，就会发现它同松树完全不同，木麻黄那灰绿色的针状物其实是它的枝条。可它的功能却与松针一样，里面都含有叶绿素，可以进行光合作用。不过，木麻黄实际上也可说是长有叶子的，细看的话，在它的枝条上有许多节，节上轮生着细小的鳞片状物，那就是它退化了的叶子。由于枝条也能进行光合作用，为抵抗强风和干旱的需要，这些叶子很自然地就将自己缩小，以至我们几乎看不出来了。

🔖 知识链接

### 大戟科植物

有人误以为光棍树也是仙人掌科植物，其实不然，它属于大戟科植物。大戟科植物多数有乳汁，花很小，可与仙人掌科植物相区别。此外，大戟科植物多有毒性。像蓖麻、乌桕、木薯、油桐等都是大戟科植物。

# 生命之树金鸡纳

科普档案　●名称:金鸡纳　　●分布:南美洲的厄瓜多尔　　●特征:可抗疟,退热

金鸡纳树的干皮、根皮、枝皮及种子,含有多种生物碱,其中含量最多且在医药上最重要的是奎宁。在历史上,金鸡纳树曾拯救了无数生灵,得到医家的推崇。

三国时期,蜀国军师诸葛亮率军南下到达云南泸水时,士兵感染上了瘴气,一批一批地死去,连足智多谋的诸葛亮都一筹莫展。据今人研究,瘴气就是曾经猖獗一时的疟疾。千百年来,人类为了征服疟疾进行了艰苦的斗争,但收效甚微。直到金鸡纳霜的发现,疟疾才不那么可怕了。

金鸡纳霜是一种治疗疟疾的特效药,它的主要成分来自金鸡纳树的树皮。金鸡纳树是茜草科常绿小乔木,树高 2.5~3.0 米,树皮呈黄绿色或褐色,原产地在秘鲁的安第斯山脉。生活在那里的印第安人很早就知道了它的药用价值,并开始种植。但他们从不外传用金鸡纳树制药的秘方。

说起西方对金鸡纳树的发现,还有一段故事。1638 年,西班牙殖民者占据秘鲁,一位西班牙伯爵钦琼先生带着夫人安娜一起来到了秘鲁利马。当时,利马地区疟疾流行,蚊子到处传染这种可怕的疾病。而当地的印第安人虽不知此病的名字,但却有办法对付它。他们把金鸡纳树的树皮剥下来晒干,然后研成粉末,用水调和,病人喝下这种液体就可以治好此病。因此,印第安人称这种具有特殊药效功能的金鸡纳树为"生命之树"。

来到西班牙的伯爵夫人安娜也患上了疟疾。护理她的是一位名叫珠玛的印第安姑娘。安娜性情温和,对殖民者残杀镇压印第安人的政策非常痛恨,对家中的仆人平等相待,为此,珠玛和安娜亲如姐妹。珠玛见安娜先发冷,再高烧,后大汗而痛苦不堪的病况,感到非常忧伤。虽然她的本族人不

想把金鸡纳树皮粉末治疗此病的秘方告诉西班牙人，但为了拯救安娜的生命，她还是在安娜的药里放入了一些金鸡纳的树皮粉末。这一幕恰好被伯爵目睹，他以为珠玛是在暗害自己的妻子，当即追问珠玛此举之目的。可珠玛不能将事情真相告诉

□金鸡纳树枝条

他，否则，其他印第安人会因她泄密而将她处死。伯爵勃然大怒，马上将珠玛关押并严刑审讯，珠玛咬紧牙关，一言不发。伯爵气急败坏，下令堆起木柴，欲用火刑烧死珠玛。千钧一发之际，重病的安娜苏醒过来，她见珠玛不在自己身边，便问她在哪里，其他女仆如实相告。安娜听后立即赶赴刑场，向丈夫道明真相，珠玛获救了。不久后，印第安人的这种治病方法传入欧洲，金鸡纳树皮的医疗价值迅速引起欧洲许多医学家的重视。1820年，法国药剂师佩尔蒂埃和卡芳杜经过长时期的试验，终于在金鸡纳树皮中提炼出了闻名世界的治疟疾特效药，接着，这种药便传到了亚洲。传到我国时，便被译成了"金鸡纳霜"。金鸡纳霜还有一个名字叫"奎宁"，是秘鲁语的音译，原意就是"树皮"。

金鸡纳树是秘鲁的国宝，秘鲁政府特地颁布了禁令：如果有人把树种或树苗转让给外国人，将受到法律严厉制裁。荷兰殖民者为了同秘鲁竞争，千方百计想把金鸡纳树种到爪哇去，先后两次派出德国植物学家哈斯卡尔潜进秘鲁去窃取树苗。1852年，哈斯卡尔第一次从玻利维亚偷越国境，爬上安第斯山，窃取到不少树苗，但由于过境手续的关系，在巴拿马耽搁了半年多，树苗全部枯死了。1854年，哈斯卡尔第二次潜入秘鲁，共偷到树苗500多株，荷兰政府特地派军舰去接应他。由于照料不周，最后只剩下16株活树苗，被移种到爪哇岛的盖特山上。如今，印度尼西亚已经成为世界上种植金鸡纳树最多的国家，金鸡纳霜的产量和出口量都占世界第一位，远远超

过了秘鲁。

金鸡纳霜是清朝初年由法国传教士带入我国的,曾因治愈了康熙皇帝的疟疾而引起重视。中国医学家按照中医学的理论对它的性味、功用进行了深入的探讨研究,并不断拓宽它的临床应用范围,为我所用,使其在后来成为中药宝库的一名新秀。与此同时,云南、广西、台湾等地也成功引种了金鸡纳树,提供了大量廉价的药材,实现了金鸡纳用药的国产化。昔日御用珍品逐步走进寻常人家,成为广大群众治疟的当家药。

📙 **知识链接**

### 生物碱

金鸡纳霜与黄连中富含的黄连素一样,是一种生物碱。不同的植物体中会含有同样的生物碱,但也有一些植物中含有多种生物碱,像在麻黄中就发现了6种生物碱,罂粟中有20多种生物碱。生物碱在植物体中的含量从万分之几到百分之一二不等,而金鸡纳霜在金鸡纳树皮内的含量竟高达16%。

# 千年不死的胡杨

**科普档案** ●名称:胡杨　　●分布:沙漠　　●特征:耐寒、耐旱、耐盐碱、抗风沙

　　胡杨耐寒、耐旱、耐盐碱、抗风沙,有很强的生命力,是生长在沙漠中的唯一乔木树种,十分珍贵。

　　这是一种多变的树,春夏为绿色,深秋为黄色,冬天为红色。这是一种坚强的树,活着一千年不死,死后一千年不倒,倒后一千年不烂。这种树就是胡杨。

　　胡杨是杨柳科的落叶乔木,能长到 20 多米高。胡杨的样子介于杨柳之间,幼树很像小柳树,枝细长,叶很窄;树长大后,叶长宽,又和杨树差不多。

　　□千年不倒的胡杨

有趣的是,在同一棵树上,叶子的形状也不相同。上面的枝条长着杨叶,下面的枝条长着柳叶,中间就似杨非杨,似柳非柳了。这种丰富多变的叶形,在其他树上是很少见的。

□胡杨林

胡杨的繁殖方法也很有趣。每年初夏,它那细长的蒴果自动裂开,里面有千万颗带翅的种子,随风飞向远方扎根;如果落到水里,它会随波逐流,一旦在岸边落脚,很快就会生根发芽。所以河水流到哪里,哪里就有胡杨林。

胡杨的再生能力很强,它能从侧根上萌发新株。它的侧根能伸出几十米远,每条侧根上都能长出许多小树来。在塔里木的胡杨林中,二三百年的老树周围,还有许多高矮不同的小树,它们都是从侧根上长出来的。如果胡杨林发生火灾,只要地下根烧不死,还会重新发出幼苗来;胡杨林被砍伐后,老树桩上也会发出新枝,几年后又能长成大树。所以,胡杨是不怕火烧也不怕砍头的英雄树。

胡杨是荒漠地带唯一高大的树种,曾经广泛分布于我国西部的温带、暖温带地区,新疆库车千佛洞、甘肃敦煌铁匠沟、山西平陆等地,都曾发现胡杨化石,证明它距今已有6500万年以上的历史。如今,除柴达木盆地、河西走廊、内蒙古阿拉善一些流入沙漠的河流两岸还可见到少量的胡杨外,全国胡杨林面积的90%以上都在新疆,而其中的90%又集中在新疆南部的塔里木盆地——一个被称为极旱荒漠的区域。

塔里木盆地是我国最大的盆地,盆地中部就是面积最大、最干旱的塔克拉玛干沙漠。盆地的四周,高山上的雪水汇成河流,浇灌着盆地边缘的冲积平原。塔里木河环流在盆地的北半部,是我国最长的内陆河。自古以来,塔里木河及其支流两岸,就生长着大片的胡杨林。塔里木盆地南部有许多小河,在它的下游也有成片的胡杨林,人们的吃、住、行都得靠它。

胡杨枝繁叶茂,庞大的树冠像一把把巨伞遮住了戈壁滩灼热的骄阳,来到胡杨林下,使人感到凉爽宜人。林下的枯枝落叶很多,显得松软而又湿润。胡杨的用途很多,野生动物以它的枝叶为食,砍下枝叶可作家畜饲料;木材可作建筑材料或造纸原料,当地人还用它做独木舟;胡杨的老枝,又可以作烧材。20世纪以后,由于人们不合理的社会经济活动,导致塔里木盆地胡杨林面积锐减。胡杨及其林下植物的消亡,致使塔里木河中下游成为新疆沙尘暴两大策源区之一。

如今,人们已从挫折中吸取了教训,开始了挽救塔里木河、挽救胡杨林的行动。向塔里木河下游紧急输水已初见成效,两岸的胡杨林开始了复苏的进程。面积近39万公顷的塔里木胡杨林保护区已升格为国家级自然保护区,以胡杨林为主体的塔里木河中游湿地受到国际组织的关注,被列为重点保护的对象。第一次受到人类如此高规格礼遇的胡杨林,一定不会辜负人类的期待,将重现历史的辉煌!

📕 **知识链接**

### 胡 杨

胡杨是杨树的一种,与白杨和山杨是同胞兄弟,与柳树是亲缘关系稍远的堂兄弟。但是,一般杨柳都生活在湿润的条件下,在几百种杨柳中,只有胡杨能在干旱的沙漠边缘生长。

# 贫瘠土地的卫士桉树

**科普档案** ●名称:桉树　　●分布:澳大利亚　　●特征:生长迅速,树枝优美

桉树被澳大利亚人尊为"国树",它不仅生长迅速,树姿优美,四季常青,而且树叶、嫩枝、树皮及木材都有广泛用途。

澳大利亚是一块独立的大陆,与世隔绝的状态造就了它独特的动植物种群。在众多的奇花异草和珍稀树木中,澳大利亚人非常喜欢桉树,他们自豪地把桉树尊为"国树"。

桉树原产于澳大利亚及其附近岛屿,是桃金娘科桉树属植物的总称,约有600种,而澳大利亚便有其中的500多个品种。在澳大利亚的桉树中,杏仁桉是世界上最高的树,它们一般都高达100米,其中一株,甚至高达156米,有50层楼那样高。住在第50层楼的人要想喝上水,必须给大楼安装水泵,靠极大的压力把水送到楼顶。那么处在100多米高的杏仁桉顶部的枝叶怎样才能"喝"到水呢?不要担心,植物自有一套疏导水分的妙法。

如果你从比较靠近地面的地方折断一棵草本植物的茎,过一会儿,你就会看到从折断的伤口处流出液滴,这是植物根系的生理活动所产生的能使液流从根部向上升的压力造成的。杏仁桉这样的大树根部的压力当然比草本植物大得多。但杏仁桉毕竟有100多米高,光靠根部的这种压力还不足以

□澳洲杏仁桉

把水压到树顶的叶子里。而能把水"拉"上来的力量还有蒸腾作用，它的拉力远大于根部的压力。水分从叶表面的气孔散失到空气中后，失去水分的叶肉细胞会向旁边的"同伴"要水，同伴再向旁边的细胞要水。接力棒这么传递下去，就得从导管里要水了。导管里的水给了叶肉细胞，导管中的水柱会不会断裂而形成一段无水的空白区呢？不会。当你向杯子中倒满水，稍高出杯沿的水面是弧形的，它们不会流出杯子来。这是因为水分子彼此"手拉手"，团结一致，紧紧聚集在中央，才没有流出来。导管中的水也是"手拉手"的，当最远处的水分子被吸收到细胞中去时，与它"手拉手"的水分子被拖曳着向上移动，补充了它的位置，而下一个水分子又补充了与自己"手拉手"的"同伴"的位置。就这样，水分子们紧紧地"携手相随"，谁也不松开，保证一起行动。

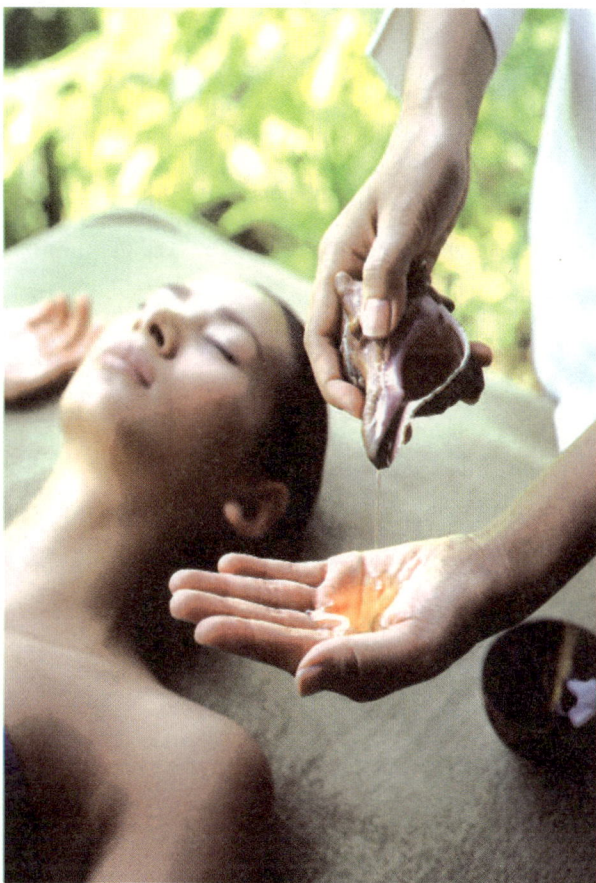

□ 桉树精油能够刺激人体细胞的免疫反应

　　杏仁桉靠着这几种力量把水从根部吸收进来，再经过长长的输水线送到树梢，这个过程只需几个小时。据测定，水在植物体内由低处向高处运送的速度为每小时 5~45 米，一般的草本植物只需 10 多分钟，全身细胞就能"喝"上水了。由于身材庞大，桉树每年蒸发掉的水分达 17 万升。它像一台大"抽水机"，把树下地里的大量积水抽去了，因此地面上总是干干的。在低湿地区，由于种植了桉树，使沼泽地变成干燥地，蚊子失去了滋生的环境，疟疾的传染受到阻止，人们由此还称它为防疟树。

桉树木材质地致密坚硬，在造船工业上是一种价值极高的木材。用桉木作木桩、电杆和路面材料，经久耐用。叶子蒸馏后，可得到桉叶油，具有兴奋、发汗等作用，能治疗感冒、疟疾、支气管炎、肺炎等病。叶中含有各种单宁，是提炼栲胶的重要原料。桉叶能分泌出一种芳香油，氧化时产生氧化氢，使空气清新，并可驱除蚊虫，桉树是疗养区、风景区和住宅区理想的绿化树种。

澳大利亚人没有独享大自然给予他们的这份珍贵礼物，而是把它献给了世界。从 19 世纪开始，桉树种子就在地中海沿岸发芽并且迅速向非洲、亚洲和美洲发展。19 世纪末，桉树远涉重洋来到我国落户。现在，我国引种的桉树共有 70 多种，主要栽培在温暖湿润的南方，以广东湛江地区为最多。桉树在我国生长良好，大有推广发展前途。

### 🟥 知识链接

## 桉 树

桉树不但是世界上最高的树，同时也是世界上生长得最快的树种，在生长旺季，桉树一天就可以长高 3 厘米。由于生长快，桉树的轮伐期很短。云杉人工林的轮伐期为 70 年，马尾松人工林为 20 多年，而桉树人工林的轮伐期只有 5~7 年。因此，桉树的经济效益是林业产业中的佼佼者。

# 海上草原马尾藻

科普档案 ●名称:马尾藻 ●分布:暖水和温水海域 ●特征:单细胞浮游藻类

辽阔无际的海洋上也存在着"草原"。只不过这里生长的不是草,而是总数巨大的海洋单细胞浮游藻类。

海洋里有一万多种植物,绝大多数都是低等的叶状植物,也就是海藻和海洋菌类。其中,马尾藻是最大型的藻类,也是唯一能在开阔水域上自主生长的藻类,这种植物并不生长在海岸岩石及附近地区,而是以大"木筏"的形式漂浮在大洋中,直接在海水中摄取养分,并通过分裂成片、再继续以独立生长的方式蔓延开来,形成辽阔的海上草原。在北大西洋中心,就有一块马尾藻形成的海上草原——马尾藻海。

□马尾藻海

□马尾藻海的地理位置

　　1492 年 9 月 16 日,在大西洋上航行了多日的哥伦布探险队,忽然望见前面有一片大"草原"。要寻找的陆地就在眼前,哥伦布欣喜地命令船队加速前航。然而,驶近"草原"以后却令人大失所望,哪有陆地的影子,原来这是长满海藻的一片汪洋。奇怪的是,这里风平浪静,死水一潭,哥伦布凭着自己多年的航海经验,感到面前的危险处境,亲自上阵开辟航道,经过 3 个星期的拼搏,才逃出这片可怕的草原。哥伦布把这片奇怪的大海叫作萨加索海,意思是海藻海。这就是今天的马尾藻海。

　　马尾藻海域海水盐度很高,加上海水运动不强烈,悬浮物质下沉很快,不利于浮游生物繁殖生长,因此浮游生物较少,同时以浮游生物为食物的海兽和大型鱼类也无法生存,于是这一海域就显得毫无生气,死气沉沉。然而,具有顽强生命力的马尾藻不知什么时候,从什么地方来到这儿"安家落户",并"生儿育女",繁衍成一个大家族,使马尾藻海仿佛成为一条巨大的印着蓝色条纹的橄榄色地毯。据调查,马尾藻海域中共有八种马尾藻,总量可达 1500 万~2000 万吨。这些马尾藻绝大部分不是长在海底,而且没有用来传种的生殖器官。它们非常适应漂浮生活,能够直接从海水中吸收养分。

令人费解的是，这个海区并不是那么肥沃，为什么马尾藻能大量繁殖和生长？有人认为，马尾藻海的各种马尾藻是从西印度群岛附近漂来的。也有人认为，是由本海生长出来的，最早它可能来自海底的苗床，后来进化到有自由漂浮的能力，并长出幼芽，逐渐变成了新的马尾藻。

从20世纪50年代发射的人造卫星拍摄的照片上看，被海草覆盖的马尾藻海是一个呈椭圆形的海区，其面积约为450万平方公里。地理位置恰好处于大西洋北部环流的中心，因此，它像台风眼无风一样，是一个风平浪静、水流微弱的海区。但表面恬静文雅的马尾藻海，实际上是一个可怕的陷阱，充满奇闻的百慕大魔鬼三角区几乎全部在这里，经常有飞机和海船在这里神秘失踪。

马尾藻海为什么会发生这么多海难事件呢？许多航海家推测，失事原因可能是因为轮船在无意中误入这一海域后，马尾藻缠住了螺旋桨，使轮船动弹不得，甚至失去控制造成倾覆或碰撞沉没。有人不同意这种观点，认为这个观点只能解释一部分船只的失事原因，并不能解释为什么飞机在这一海域也易于失事。究竟是什么原因，目前还没有一个令人信服的答案。

### 📕 知识链接

## 褐藻

马尾藻是褐藻的一属，现有250种，广泛分布于暖水和温水海域。我国是马尾藻主要产地之一，有60种。褐藻在藻类中属最高级的类型，是海洋中特有的植物。马尾藻和海带是褐藻中最常见的两个种类，是海洋中碘和钾碱的重要来源。

# 水上恶鬼水葫芦

**科普档案** ●名称:水葫芦 ●分布:华北、华东、华中和华南 ●特征:繁殖能力超强

水葫芦超强的繁殖能力使其覆盖整个湖面,水中的其他植物不能进行光合作用,严重时甚至会堵塞水道。

1884年,美国新奥尔良市举行国际棉花博览会,客商云集,人们看到水域内漂浮着葫芦状的绿色植物,其上面绽开的蓝紫色花,非常美丽,于是带回本国养殖。100多年后,这种植物遍布全球,成为暖地水域中最常见也是最声名狼藉的植物,它就是被称为"水上恶鬼"的水葫芦。

水葫芦原产于南美洲,是一种水生漂浮植物,因它浮于水面生长,又叫水浮莲,又因其在根与叶之间有一像葫芦状的大气泡所以又称水葫芦。水葫芦具有极强的无性繁殖本领,在生长过程中,身体不断裂成许多小块,每一块"断肢"都能迅速生长发育成完整的个体。据监测了解,一株水葫芦能以每8个月繁殖6万新株的速度生长。它们在风和水流的作用下,不断扩大着自己的领地。当人们还没明白是怎么回事时,水葫芦已经成灾。1895年,这种水生植物在佛罗里达的圣约翰斯河上产生了一块浮在水面上长达40公里的厚厚的"垫子",严重阻碍了河流的运输。这种危害很快遍及美国南部,造成了巨大的经济损失。

尽管水葫芦在美国南部水域已经露出了狰狞面目,却没有引

□水葫芦

□水葫芦

起世界其他地区人们的重视,19世纪末和20世纪初,又被相继引种到了亚洲和非洲。在阳光充足、温度适宜的条件下,水葫芦猛烈增殖,致使尼罗河流经苏丹和埃及的河道几乎完全堵塞,窒息了鱼类和其他水生生物,蚊蝇则大量滋生,疟疾、脑炎等疾病流行,航运严重受阻,灌溉无法进行。当地居民恨透了这种霸占水域的外来强盗,称它为"水上恶鬼"。

可是,水葫芦就真的那么讨厌,那么招人嫌,对人类有百害而无一利吗?不是的。随着科学的发展,人们已经开始对水葫芦有了全新的了解。据美国核处理专家的研究,水葫芦膨大呈球形的叶柄是一个绝妙的净化装置,球形叶柄的纤维网能吸附核电厂排放的放射性废水,污水流经水葫芦的"过滤器",放射性污染物的强度大幅度削减,因此,随着核电的广泛开发和利用,水葫芦将成为其最忠诚的伙伴。

水葫芦不仅能净化污水,它还含有比青菜、萝卜、菠菜等传统蔬菜更高的蛋白质、脂肪和纤维素,是优良的粗饲料。马来西亚等地的土著居民,常以水葫芦的嫩叶和花作为蔬菜,以供食用,其味清香爽口,并有润肠通便的功效。

水葫芦还是一种很好的造纸原料,由于水葫芦的资源丰富,生长迅速,采收容易,价格低廉,用它造纸可以降低成本。英国于1978年提出一项国际性利用水葫芦的计划,并邀请印度、斯里兰卡、孟加拉和马来西亚等国参加,印度要求主动承担造纸的研究。据1996年5月报道,印度海得拉巴地区研究所已用水葫芦的叶片生产出写字纸、广告纸和卡片纸。据调查,印度至少有400万公顷水面生产着水葫芦,以平均每公顷产50吨计,则为造纸工业提供了2亿吨造纸的原料,若这2亿吨原料用上一半,成品率按10%计算,则可生产1000万吨纸。

能源问题是当前世界六大危机之一,绿色能源的利用是解决能源危机的主攻方向,水葫芦宽大的绿叶,活像一个硕大的太阳灶。据测定,一公顷水面的水葫芦,每天能生产1.8吨干物质,通过微生物的厌氧发酵,能产生660立方米的沼气,相当于250公斤的原油。

水葫芦阻塞航道,破坏灌溉,引起水灾,迫使人们背井离乡的时代已一去不复返了,一个开发、利用和研究这种南美野生水草的崭新时代已经来到了。

📚 知识链接

## 我国的水葫芦

1901年,水葫芦作为花卉引入我国,20世纪50～60年代作为猪饲料在长江流域以南普遍推广。近年来,告别了粮食短缺的农民不再打捞水葫芦,同时,工业化使江河湖泊水质恶化,富营养化程度提高,水葫芦因此迅速蔓延,泛滥成灾。所以,把水葫芦变废为宝也是我国科学家面临的课题之一。

# 帝王草刘寄奴

**科普档案**　●名称:刘寄奴　　●分布:江苏、浙江、江西　　●特征:菊科植物奇蒿的全草

刘寄奴是历史上唯一用皇帝的名字命名的中草药，一直流传至今。中医认为其性温、味苦，具有破血通经、敛疮消肿的功效。

植物种类繁多,命名也五花八门。有用颜色差异来命名的,如白皮松、绿豆。有用味道取名的,如甜菜、苦瓜。有的植物是用数字取名的,如一叶兰、五色梅等。有些植物的名字还寓有民间传说,如虞美人等。还有些植物名称则是有纪念意义的,如刘寄奴就是为纪念发现这种植物药用价值的刘裕而得名的。

《南史》记载,南北朝时期的宋武帝刘裕,字寄奴,原为东晋大将。刘裕出生在一个没落的官僚家庭,虽然家境贫寒,但他喜好舞刀弄枪,练得一身好武艺。为了生计,年轻气盛的刘裕应征入伍, 加入了东晋王朝驻扎在长江流域的北府军。

刘裕所在的部队驻地附近有一大片芦苇丛,里边藏着一条巨蟒,它常常在黄昏时袭击士兵,弄得军营里人心惶惶。北府军的主帅谢玄闻知此事,贴出悬赏告示,凡剿杀巨蟒者,以一等军功论赏。刘裕看见了告示,心想,这可是个难得的机会,与其在军队里默默无闻,还不如放手

□刘裕

一搏,拼了性命也值了。于是,刘裕独自一人揭下告示,自告奋勇地去围剿巨蟒。

三天后的一个黄昏,刘裕在芦苇丛深处开出了一块空地,把一只烤成金黄色的肥羊摆在地上,再把五坛陈酿美酒一字排开,揭开酒盖,那诱人的肉香与醉人的酒香缠绕在一起,随着轻轻拂过的江风在芦苇荡里弥漫开来。刘裕则潜伏在浅水处,一只手握着一张劲弓,另一只手搭着一只锋利的箭,静静地等着猎物上钩。突然,空地东边的芦苇丛中出现芦苇被拨动时发出的唰唰声。刘裕心里暗暗一沉,有东西过来了。刘裕马上拉弓搭箭,两眼死盯着空地。令他没有想到的是,从芦苇丛中钻出的竟然是一个富家公子打扮的青年男子。那人看着空地里丰厚的供品,面无表情,眼光扫着四周。刘裕看见是个人,正想上去告诉那人,要他马上离开。但他转念一想,这方圆百里除了兵营荒无人烟,哪来的富家公子。再说,他一个富家公子跑到这芦苇丛深处来干什么?刘裕不明白其中的蹊跷,放弃了出去的念头,一动不动,箭直指那富家公子。那人探下身子,闻了闻那肥嫩的羊肉,又用手蘸了一点酒放在口里,犹豫了一会儿,便放开手脚大吃起来。刘裕看见那人撕下一点羊肉细嚼慢咽,像个斯文人的样子,然后,抓起一坛酒往嘴里倒,有绿林好汉的爽快。但再一转眼,刘裕竟见那人拿起整只烤羊往嘴里放,刘裕不相信自己眼花,再揉了揉眼,那根本不是张人嘴,那嘴像巨蟒的嘴一样张

□刘寄奴草

得出奇的大，整只羊放到嘴里，立刻咽了下去，牙齿嚼碎羊骨头的声音都能清楚地听见。刘裕被眼前的一切吓呆了，好一会儿回过神来，见一水桶粗的青色巨蟒躺在空地上，两眼如

□刘寄奴同五味子、旱莲草一同制成养心安神茶

铜铃一般在刚刚降下的夜幕里发着绿光。那酒被刘裕放了蒙汗药，现在药性发作了，那巨蟒躺在空地上酣睡。刘裕感觉血管里的血液在沸腾，拉满了弓，搭上毒箭，瞄准巨蟒那双在黑夜里很明显的双眼。"嗖"箭离了弦，一瞬间扎进巨蟒的眼睛。巨蟒被突来的疼痛惊醒，也发现了躲在旁边的刘裕。硕大的蛇尾高高扬起，风一般扫过芦苇丛，无数支芦苇碎屑突然变成了飞刀，飞向刘裕。刘裕虽说身手敏捷，左闪右躲，但仍然身中数刀，剧痛难忍昏死过去。那巨蟒身受重伤，无心恋战，也迅速离去。

当刘裕醒来，已是第二天清晨。他从身上撕下一块布，包扎了伤口，沿着巨蟒留下的血痕，一路追踪了十余里，这时，前面传来孩童嬉笑的声音。刘裕甚是奇怪，走上前去竟是五个青衣孩童，正在采摘一种不知名的野草，并用石臼捣烂。刘裕提着弓，问："你们这帮无知幼童在这里干什么，难道不知道这里有吃人的巨蟒出没？"几个孩童仍旧嬉笑着说："我们家主人被人用箭射伤眼睛，特遣我们来此采药。"刘裕心里一惊，难道天下有如此巧合的事？这些孩童提及巨蟒竟丝毫不变脸色，其中必有蹊跷。刘裕假装离去，躲藏在周围监视着这些孩童。这些孩童采完药，便悄悄离去。刘裕一路紧随其后，这些孩童进了一座已经废弃多年的破庙里，便不见踪影。刘裕扔掉弓箭，拿出腰间匕首，进了破庙。庙中除了几座坍塌的泥塑菩萨，不见他物。刘裕仔细搜寻着，在菩萨像的底座背后竟有一个洞口，洞口处有些粗大坚硬的蜕下的蛇皮，还有暗黑的血迹。刘裕断定这是巨蟒的老窝。于是，刘裕搬

□奇蒿因刘裕射蛇而得名刘寄奴

来数十捆易燃的芦苇,点燃,扔到洞口处。不一会儿,破庙就淹没在了熊熊烈火中。

突然间,一条巨蟒从烈焰中腾空飞起,一时火花四溅。那巨蟒落在地上,化成昨晚那个青衣男子,左眼缠着被血浸红了的白绸布。那男子右目瞪着刘裕,说:"我跟你有何冤仇,你为何屡屡加害于我?伤了我不算,还放火毁我家。"刘裕捏紧了手中的匕首,同样怒目相向,说:"你杀人性命,天理难容。"那男子恶狠狠地说:"你要赶尽杀绝,就别怪我心狠了。"说罢,变回原形,高高地扬起头,嘴猛然张开,一股烈焰直奔刘裕而来。刘裕一个鹞子翻身,避开了这道火焰,却结结实实地摔在地上,受到冲击的伤口疼痛难忍,使刘裕躺在地面动弹不得。那火虽没烧着刘裕,但却引燃了芦苇丛,火焰借助风势顿时让芦苇丛成了一片火海。在这千钧一发之际,晴空万里的天空不知从哪里飘来一朵乌云,一道闪电如利剑般从乌云里射出,正劈在巨蟒头上,巨蟒轰然倒下。随后,一阵倾盆大雨把芦苇丛的大火浇灭了。刘裕捂着伤口,一点一点爬到巨蟒身边,一刀结果了巨蟒的性命。

刘裕割下蛇头,低下头看看自己的伤口,血不停地往外流,已经很严重了,再不处理怕是回不到军营领赏了,他想到了先前几个青衣孩童的话,挣扎着走到已成灰烬的破庙,找到洞口钻了进去,只见里面躺着几条被烧死的青蛇,旁边的石臼里盛着他们已经捣烂了的草药。刘裕把草药敷在伤口上,休息了几个时辰,伤口竟感觉好了很多。刘裕想到自己以后戎马生涯,难免受伤,碰到这么好的金疮药,不如多采一点。于是,刘裕采完药,带着巨蟒的头回到军营。整个军营都炸开了锅,四处流传着刘裕杀巨蟒的奇事。主帅谢玄对刘裕刮目相看,不仅兑现了承诺,还破格提拔刘裕成了军官。

刘裕有了自己的军队后，便把当年杀死巨蟒发现的草药公开出来，让部下使用。这草药从部队传到民间，民间用刘裕的字寄奴来给草药命名，从此刘寄奴草在全国流传开来。后来，刘裕把持了东晋的军权，坐上了皇帝的位置，成了南北朝时期宋王朝的开国皇帝。

刘寄奴至今仍是中药处方名，按照现在植物药的鉴别，刘寄奴就是菊科艾属的多年生草本植物——奇蒿。它以带花全草入药，不但有活血祛瘀的功效，还有消食作用，故又有"六月霜""化食丹"的别名。

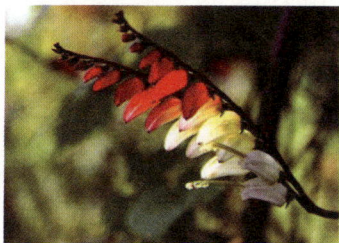

📕 **知识链接**

### 植物学名

我们平常所说的植物名称大都是汉语名称。在国际上，为了各国科学家交流方便，国际植物学会议规定，各种植物的名称必须用拉丁语或拉丁化了的词进行命名，每个植物的学名均采用双名法：学名＝属名＋种名。

# 五谷之贵小麦

**科普档案** ●**名称:**小麦 ●**分布:**世界各地 ●**特征:**颖果大,长圆形,顶端有毛

小麦的世界产量和种植面积居于栽培谷物的首位,其颖果是人类的主食之一,磨成面粉后可制作各种面食;发酵后可制成啤酒、酒精、伏特加或生质燃料。

植物是人类赖以生存的不可缺少的资源。历史上哪些植物对人类的贡献最大呢? 据统计资料显示,有20种植物对人类发展做出了巨大的贡献,排在第一位的是小麦。

小麦是禾本科小麦属植物的统称,通常专指人们广泛种植的小麦,它的颖果是人类的主食之一。所谓颖果是果实的一种类型,也是禾本科特有的果实类型。颖果这一名称得自小麦的花被,它不同于其他有花植物,小麦

□小麦

的花没有明显的花被,花萼退化为颖片,花瓣退化为稃片,成熟的小麦果实中颖片会包裹在种子表面,故而得名。除了小麦之外,许多禾本科植物的颖果被人们当作粮食食用,如水稻、小麦、大麦、玉米等,它们共同的特点是:每枚颖果中仅有一枚种子,果实发育成熟后,颖果的果皮不开裂且与种皮高度愈合,难以分离,因此在农业生产中,人们常将颖果直接称为种子。

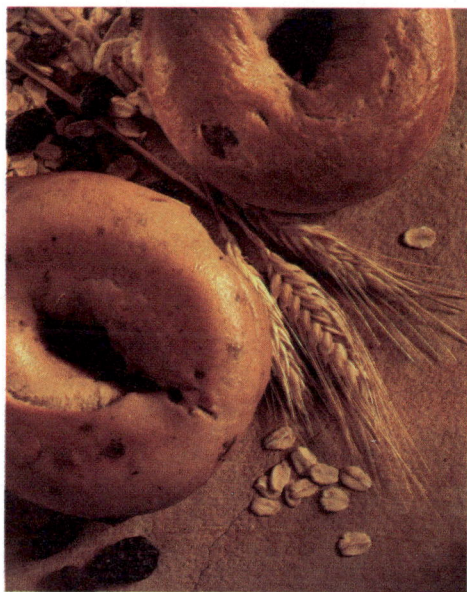

□在我国,小麦是仅次于稻谷的主要粮食作物

小麦起源于亚洲西部。在西亚和西南亚一带,至今还分布有野生一粒小麦、野生二粒小麦及节节麦。栽培小麦是人类对野生小麦长期驯化的产物,从新石器时代至今已有万年以上的历史。在伊朗西南部、伊拉克西北部和土耳其西南部地区最早驯化了一粒小麦。这种小麦有很多小穗,但每个小穗只结一粒种子,"小麦"即由此而得名。后来,一粒小麦与一种杂草杂交,产生了二粒小麦,产量也随之提高。以色列西北部、叙利亚西南部和黎巴嫩东南部,是野生二粒小麦的分布中心和栽培二粒小麦的发源地。此后,二粒小麦与一种叫"粗山羊草"的植物经过杂交,形成了今天的栽培小麦。

栽培小麦产生后,从西亚、中东一带向西传入欧洲和非洲,向东传入印度、阿富汗和中国,又经中国传入朝鲜和日本。15~17世纪,小麦传入南、北美洲。18世纪传入大洋洲。

我国的小麦最早出现在三千多年前,也就是商朝中期和晚期左右,但当时的小麦种植并不是很普遍。到了汉代,战国时期发明的石转盘得到了普及推广,人们可以把小麦磨成面粉了,此后,小麦开始大面积普及。明代,小麦种植已经遍布全国。

小麦是温带作物,适应性较强,在我国北方、南方,平原、高原,冬季、春季都可种植,在夏涝地区可早收避灾,具有一定的稳产保收特点,因而分布极广泛。现在,我国的小麦播种面积约占粮食总播种面积的1/5,产量占粮食总产量的1/7,是仅次于稻谷的主要粮食作物。

小麦中含有丰富的淀粉、蛋白质、脂肪、碳水化合物、粗纤维、矿物质及卵磷脂、蛋白酶、淀粉酶等营养物质。特别是小麦的胚芽,犹如一个营养素的宝库,在每百克小麦胚芽中,含蛋白质279克,脂肪97克,以及丰富的维生素E和一定量的胆碱。中医认为,小麦具有清热除烦、养心安神等功效,小麦粉不仅可厚肠胃、强气力,还可以作为药物的基础剂,故有"五谷之贵"之美称。

📕 知识链接

### 五 谷

哪些粮食为"五谷",我国历史上的说法并不一致。一种说法是指黍、稷、菽、麦、稻;另一种说法是指麻、黍、稷、麦、豆。如今,"五谷"已泛指各种主食食粮,一般统称为粮食作物,或者称为"五谷杂粮",包括各种谷类、豆类、薯类及其他杂粮。

# 水果之王猕猴桃

**科普档案** ●**名称**:猕猴桃　　●**分布**:陕西、四川、河南　　●**特征**:质地柔软,味道独特

被誉为"水果之王"的猕猴桃在历史上曾被认为是无用的植物,后来人们发现它味道鲜美,维生素C含量极高,而且具有相当的药用价值,从而使其逐渐受到人们的欢迎。

在全世界数十万种高等植物中,供人类食用、饲料用、工业用、药用、观赏用的植物约1万种,其余则是暂时还没有发现用途的野生植物。暂时没有发现它的用途,不等于永远无用。历史上有很多曾被认为无用的植物,由于人们后来的发现而身价百倍,被誉为"水果之王"的中华猕猴桃,就是这样一个典型的例子。

猕猴桃是一种落叶蔓性灌木,高约5~8米。叶圆形如纸样薄,其花初为乳白色,后变为黄色,雅丽可爱。果实8~10月成熟,圆形或长圆形,肉质多浆,清香奇美。

我国是猕猴桃的故乡,在久远的过去,野生猕猴桃生长在我国大江南北的山地里,自生自落,任猕猴采食。猕猴桃进入人类生活中大约是在一千多年前,唐代诗人岑参曾有"中庭井阑上,一架猕猴桃"的诗句。明代药学家曾有"其形像梨、其色如桃,而猕猴喜食,故

□猕猴桃

有其名"的说法。

猕猴桃最早为外人所识是在 1899 年，当时，英国一家著名花卉种苗公司派出的园艺学家威尔逊在湖北的西部引种植物时，注意到这种花丛美丽、果实味美的果树，并迅速将它引种到英国和美国。但当时英国和美国并没有把猕猴桃转化成商业果品。在他们看来，猕猴桃只是一种受欢迎的观赏植物。在威尔逊

□猕猴桃也是美容佳品

把猕猴桃引进西方的同时，他也把这种野果介绍给了在湖北宜昌的西方人，结果大受欢迎。因为他们觉得猕猴桃的味道像西方久已栽培的醋栗，所以这些西方人就管猕猴桃叫"宜昌醋栗"。

1903 年，一个名叫伊莎贝尔的新西兰女教师利用假期来到湖北宜昌看望她的姐妹。回国时，伊莎贝尔带回去了一些猕猴桃的种子。1910 年，猕猴桃在新西兰一位农场主的果园里开花结果。由于猕猴桃的味道符合当地人的口味，所以新西兰人不断地对猕猴桃进行驯化和品种改良。加上土壤和气候条件适宜，猕猴桃种植在新西兰取得了成功。到了 1940 年，新西兰北岛的几个果园产的猕猴桃已有可观的产量。1952 年，猕猴桃鲜果首次出口到英国伦敦。此后，由新西兰培育出来的猕猴桃品种还被逐渐引种到澳大利亚、美国、丹麦、德国、荷兰、南非、法国、意大利和日本等国，猕猴桃也由此成为世界上一种新兴的果树品种。如今，猕猴桃是新西兰的国宝。

猕猴桃维生素 C 含量极为丰富，比柑橘高 5~10 倍，比苹果高 20~28 倍。此外还含有 8%~16% 的葡萄糖以及柠檬酸等。因此，用猕猴桃加工制成的罐头、酱、汁、脯、晶及酒、糕等食品，既是老弱病人、儿童的滋补品，也是高空、航海、井下、高原和牧区等特殊作业人员的高级营养品。

猕猴桃还具有相当的药用价值。除果实对人体某些疾病，如心脏病、肝

炎、肠功能紊乱等有一定疗效外，其根有清热利水、散瘀止血的功能；叶能止外伤出血，同时也是上好的青饲料；树皮可以造纸；花的蜜腺发达，芳香而美观，因此是一种蜜源植物，并可以提取香料。近年来，经临床验证，中华猕猴桃还有一定的抗癌作用。

猕猴桃的茎皮及髓中含有胶液，可经水浸泡后提取。这种植物胶，除了用于造纸、印染、化工等工业外，在建筑工程上具有就地取材、施工简便、造价低廉、坚固耐用、干燥防潮、富有弹性和光亮美观等特点，深受群众欢迎。

### 📕 知识链接

#### 猕猴桃科

猕猴桃虽称其桃，但和桃并非一家，桃属蔷薇科，而猕猴桃自成一科，叫猕猴桃科。在这个家庭里共有57个成员，我国已发现55个。其中，软枣猕猴桃、金花猕猴桃、毛花猕猴桃、润叶猕猴桃和中华猕猴桃的果实用于加工和鲜食。中华猕猴桃经济价值很高，分布最广。

# 糖源植物之最

**科普档案** ●**名称:**甜叶菊 ●**分布:**巴拉圭、巴西 ●**特征:**低热量、高甜度

食糖含脂肪等物质，所以热量高，摄食过多易使人患糖尿病，并容易发胖。为此，科学家很早就开始努力寻找糖源植物了，并在自然界中发现了甜叶菊、凯特米和喜出望外果等比糖更甜的植物。

在常见的水果中,大多数都带有甜味,但却没有糖甜,如西瓜的甜度为糖的 4%,梨的甜度为糖的 12%。众所周知,糖是用甘蔗和甜菜为原料制成的。但食糖由于含脂肪等物质,热量高,摄食过多易使人患糖尿病,并容易使人发胖。为此,科学家早就在努力寻找糖源植物了。那么,在自然界中有没有比糖更甜的植物呢?

1969 年,日本的住田哲也教授在巴西和巴拉圭交界的高山草地上发现了一种叫甜叶菊的菊科植物, 它是一种多年生草本植物, 每年 9 月开出许

□美味的糖果

多白色的小花,格外引人注目。其实,在住田哲也之前,当地人早就知道这种植物是甜的了,他们叫它为"甜草""蜜菊",用它来泡茶喝。住田哲也发现甜叶菊以后,开始尝试将这种野生植物变为栽培

□甜叶菊

植物,甜叶菊生长很快,第一年就能长到80厘米高,第二年便高达2米了。收割时,将离地10厘米的干茎割去以后,它又可重新萌发,长了再割,这样一年可以收割4次以上。由于甜叶菊要比目前的食糖甜150~300倍,因此,大约每亩甜叶菊可抵得上10~20亩甜菜,是一种十分合算的糖源植物。使人们惊喜的是,甜叶菊具有热量低的特点,它的含热量只有蔗糖的三百分之一,吃了不会使人发胖,对肥胖症患者和糖尿病人尤为适宜。长期用甜叶菊煮水喝,还有降低血压、促进新陈代谢和强壮身体的功效。现在,甜叶菊已经作为一种新的糖源植物引起了世界各国的注意,不少国家和地区正在引种并推广。

甜叶菊并不是世界上最甜的植物。在西非塞拉利昂到扎伊尔的热带雨林中,有一种特别甜的植物——凯特米,这种植物高约2米,成熟的果实是红色的三角锥形,一年可收两次。当地的居民很早就将它作为一种甜料来食用了。人们把它的皮浸泡在水中,水就变得很甜。1841年,有个英国外科医生曾在西方介绍过凯特米,但并未引起人们的注意。直到100多年后,在寻找食糖代用品的热潮中,才有人重新想起了它。科学家从凯特米中提取出一种叫索马丁的物质,它的甜度竟比食糖要甜3000倍,被誉为"甜王"。以后,科学家们又在热带森林里发现了一种叫西非竹芋的草本植物,它的叶片宽大,在靠近地面处开花结果。果实红色、扁平,长约2.5厘米,宽约2

厘米,在种子周围有少量果肉,果肉比糖甜3万倍,比索丁马还高10倍。

这是不是世界上最甜的植物了呢?不是。在非洲还有一种藤本植物,长4米左右,叶瓣呈心形,结出的果实为红珊瑚色,非常好看。每穗有40~60个浆果,看上去仿佛是串红葡萄。果实长圆形,长约1厘米,直径约8毫米,里面有一个大种子,种子外边的果肉甜得令人吃惊,要比蔗糖甜9万倍。十分有趣的是,尽管这种果实甜得叫人难以相信,可是吃起来却感到甜度适中,十分鲜美可口,吃后嘴里很长时间都感觉到有甜味。因此,当地居民给它起了一个美妙的名字,叫它"喜出望外果"。

喜出望外果仍然称不上是"甜王"。20世纪80年代初,科学家在非洲的加纳热带森林中发现了一种叫"卡坦菲"的植物,用它提取的卡坦菲精,其甜度竟是食糖的60万倍!卡坦菲可说是目前世界的"甜王"了,不过它能占据这个宝座多少年呢?让我们拭目以待吧。

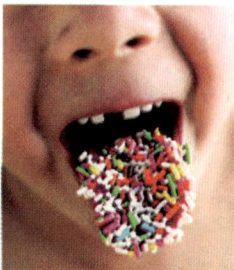

📖 **知识链接**

### 植物甜味蛋白

近年来,科学家们从6种植物中发现了高甜度的新型甜味剂——植物甜味蛋白,它不仅甜度高、产生的热量少、可以防止肥胖,更重要的是这类甜味蛋白既无毒性,又不会使人产生龋齿,食用十分安全。

# 母爱之花康乃馨

**科普档案** ●名称:康乃馨　　●分布:福建、湖北　　●特征:花色多样鲜艳,气味芳香

　　康乃馨是目前世界上应用最普遍的花卉之一,代表了健康和美好。粉红色的康乃馨作为母亲节的象征,常被作为献给母亲的花。

　　在鲜花大家族中,最平凡的莫过于草花。草花的种类繁多,最为知名的当属康乃馨。虽然名花谱上向来没有康乃馨的位置,但它却是世界上应用最普遍的切花之一,常与唐菖蒲、文竹、天门冬、蕨类组成优美的花束。

　　康乃馨又名香石竹,属石竹科植物,同属花卉还有须苞石竹、常夏石竹、少女石竹等。康乃馨是一种宿根性的多年生草本花卉,在温室里几乎可以连续不断开花。它的花形秀丽,花瓣呈现不同变化,从任何一个角度看,

□康乃馨

都有特殊的美丽,像是一位温柔的女子。每到母亲节这一天,人们喜欢买束康乃馨送给母亲,恭祝节日快乐,因此康乃馨被称为"母爱之花",为什么母亲节这天要送康乃馨呢? 这个传统说来还有一段感人的故事。

母亲节是由美国妇女贾维斯夫人倡导,由她的女儿安娜·贾维斯发起创立的。贾维斯夫人是一个有着10个子女的母亲,是一所教会学校的总监。在美国以解放黑奴为目的的南北战争结束后,她在学校里负责讲述这段历史。贾维斯是一位心地善良,极富同情心的女人。她讲述着战争中那一个个为正义捐躯的英雄的故事,望着台下那一张张充满稚气的孩子们的脸,一个想法猛然涌上心头:为祖国贡献了这么多英勇战士,保证了战争胜利的,不就是那一个个含辛茹苦地抚育着子女的母亲吗? 她们的儿子血染疆场,承受了最大的痛苦和牺牲的,不也是这些默默无闻的母亲吗? 因此,她提出应该设立一个纪念日或母亲节,给这些平凡的女人一些慰藉,表达儿女们对母亲的孝思。

可惜的是,这个良好的愿望还没有实现,贾维斯夫人便于1906年5月9日与世长辞了,她的女儿安娜·贾维斯悲痛欲绝,在此后的日子里,她每天以泪洗面,怀念不已。1907年,安娜·贾维斯在母亲去世周年纪念会上,希望大家都佩戴白色的康乃馨鲜花,纪念她的母亲,并提议每年5月的第二个星期天为母亲节,于是她给许多有影响力的人写了无数封信,提出自己的建议,在她的努力下,1908年5月10日,她的家乡费城组织举行了世界上第一次母亲节的庆祝活动,随后,美国西雅图长老会带头开展颂扬母亲的活动,美国著名大文豪马克·吐温亲笔写信给安娜·贾维斯小姐,赞扬她这项伟大的创举,并表示自己也戴上了白色的康乃馨来悼念慈爱的母亲。经安娜与众人不懈的努力,美国国会终于在

□提到康乃馨,人们总会想到母亲

1914年5月7日通过决议：把每年5月的第二个星期日定为全国母亲节，以表示对所有母亲的崇敬和感激，并由威尔逊总统在同年5月9日颁布执行。1914年5月14日，美国举行了全国规模的第一个母亲节。1934年5月，美国首次发行母亲节邮票，邮票上是一位母亲双手放在膝上，欣喜地看着面前花瓶中一束鲜艳美丽的康乃馨。

随着邮票的传播，在许多人的心目中把母亲节与康乃馨联系到了一起，康乃馨便成了母爱之花，受到人们的敬重。人们把思念母亲，尊敬母亲的感情，都寄托于康乃馨上，使康乃馨成为赠送母亲不可缺少的礼物。

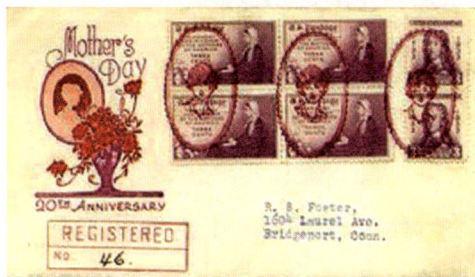

□1934年5月美国首次发行的母亲节纪念邮票

□美国为配合母亲节邮票发行启用的花式邮戳

□美国为配合母亲节邮票发行启用的花式邮戳

🔖 **知识链接**

## 切 花

人们通常把用于插花或制作花束、花篮、花圈等花卉装饰的花材称为"切花"。切花种类繁多，其中，月季、菊花、唐菖蒲和康乃馨这四种花卉被称为"世界四大切花"。

# 西域奇花雪莲

**科普档案** ●名称:雪莲　　　●分布:青藏高原　　　●特征:适应高山环境,生长缓慢

雪莲是一种高山稀有的名贵药用植物。雪莲种子在 0℃发芽,3~5℃生长。幼苗能经受零下 21℃的严寒。在生长期不到两个月的环境里,高度却能超过其他植物的五到七倍,它虽然要五年才能开花,但实际生长天数只有八个月。

自然界中有一个有趣的现象,许多珍稀植物大多生在崇山峻岭之中。一般来说,一座大山从山脚到山顶的植物分布变化是:树木只能生长在一定高度的地带,再向高处只有灌木,或完全让位于草本植物。也有些草本植物,只有在高山上有,而山下没有,这与它们长期适应了高山气候有关。素有"西域奇花"之称的雪莲就只生长在离雪线不远处,独傲严寒,成为世界珍稀物种。

雪莲是多年生菊科植物,主要分布在新疆、青藏高原和云贵高原一带。横贯新疆中部的天山山脉,冰峰雪岭逶迤连绵,海拔 4000 米以上是终年积雪地带,被称为雪线,雪莲就生长在雪线以下海拔 3000 至 4000 米的悬崖峭壁上。雪莲通常高 15~25 厘米,叶长圆形或卵状长圆形,密集生长,长约 14 厘米,叶缘有小齿。雪莲生长的地方位于高山雪线以下,在那里,气候严寒多变,雨雪交加,冷热无常,最高月平均气温只有 3~5℃,最低月平均气温为 -21~-19℃,一年的无霜期只有 50 天左右。雪莲是如何生长在高山冰雪的环境中的呢?首先它的根又粗又长,深入岩缝,尽可能地吸取水分、养料。它的身上长满了白色绒毛,还有它的密集硕大

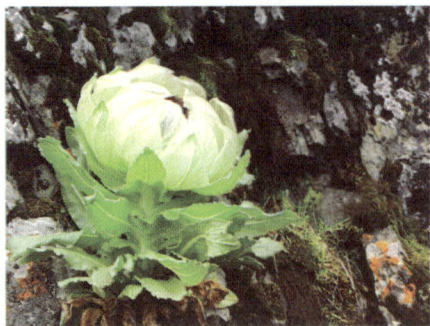
□雪莲

的花苞，就像一个大毛绒球，靠这一身"装束"，既保温又保湿，还可防止高山强烈的太阳辐射，雪莲当然就成为冰山上一朵奇葩了。

雪莲生长很慢，至少要4~5年才能开花结果。而且由于生长期短，它只能在气温较暖时迅速发芽、生叶、开花和结果，7月开花，8月果熟，生活周期很短，靠保留在地下的根状茎和种子度过寒冷的季节。雪莲的花色有雪白、淡黄、紫红，10~20个头状花序聚凑起来，外边包着十几片像花瓣的苞叶，在冰天雪地间，以及高原特有的澄澈天空映衬下，真是娇艳又圣洁，自古被青年男女视作爱情的象征。

雪莲不但是难得一见的奇花异草，也是举世闻名的珍稀药材。雪莲花早在清代医药学家赵学敏所著的《本草纲目拾遗》中就有记载，也是藏、蒙、维吾尔等少数民族的常用药。在藏医藏药中，雪莲花作为药物已有悠久的历史，藏医学文献《月王药珍》和《四部医典》上都有记载。各地民间将雪莲花全草入药，主治雪盲、牙痛、风湿性关节炎、月经不调等症。印度民间还用雪莲花来治疗许多慢性病，如胃溃疡、痔疮、支气管炎、心脏病、鼻出血和蛇咬伤等症。近年来，以雪莲为原材料的药品、滋补品开始增多，食用雪莲成为保健时尚。

雪莲扎根的土壤是由细菌、苔藓、地衣分解岩石形成的，需要经过几百万年的缓慢过程，因此采摘时需要一些技巧。如果连根拔掉，会使本来就很小的一块土壤很难再恢复原有肥力，导致雪莲几乎不可能再在原地生长，而非法采摘雪莲者恰恰都是连根拔起。现在，遭受到毁灭性破坏的雪莲已经被列为国家濒危二级植物。

📕 **知识链接**

### 垫状植物与高山植物

生长在高山上的植物，一般体积矮小，茎叶多毛，有的还匍匐着生长或者像垫子一样铺在地上，成为所谓的"垫状植物"。它们一般高3~5厘米，个别较大的高也不过10厘米左右，直径约20厘米。雪莲代表着"垫状植物"之外的另一种类型的高山植物。

# 食用菌与毒蘑菇

**科普档案** ●名称:毒蝇伞　　●分布:印度　　●特征:颜色艳丽,无怪味

　　蘑菇的种类很多,一些可食用蘑菇是理想的天然、多功能食品,还有一些有毒蘑菇也分布广泛,采摘时应谨慎。

　　说起食用菌,人们可能立即就会想到形形色色的蘑菇。其实,除了蘑菇之外,食用菌的种类还有很多。我们知道,蘑菇属于真菌。真菌一般分为两种类型,一种叫霉菌,另一种叫酵母菌。霉菌在自然界分布很广,常常引起食品和其他物品发霉、腐烂;酵母菌常常生长在有糖的环境中,如水果、蔬菜、花蜜以及植物的叶子上。除了霉菌和酵母菌这两类只有用显微镜才看得清模样的真菌以外,还有一些更大的真菌,如蘑菇、木耳、银耳、竹荪等。这些大型真菌就是我们平常所说的食用菌,蘑菇只是食用菌中的一类。

　　雨后的树林中,常会看到一丛丛破土而出的蘑菇,颜色五彩缤纷,惹人喜爱。蘑菇大多像一把伞,在伞面的下方是一页页的薄膜,里面着生无数的粉状物——孢子,蘑菇就是用它来繁殖的。

□毒蝇伞

　　当一个蘑菇生长成熟时,在它的菌褶上就会形成大量孢子;孢子由单个细胞组成,既小又轻,风一吹,就会飘向远方,当孢子遇上沃土、朽木或其他适宜的环境时,就很快萌发成一条条菌丝。菌丝吸收环境中的有机物质进行细胞分裂,越长越长,越长越多,就从一个地

方向四面八方伸展出来。如果这时遇雨，土壤湿润，空气潮湿，在菌丝的末梢上很快就会长出一个个小蘑菇。小蘑菇刚形成时像个小球，此时叫作菌蕾，不久菌蕾上的菌盖张开，小蘑菇就长成了。由于土中的菌丝伸向四面八方，而蘑菇又是长在菌丝末端，所以大雨过后我们时常在沃土上发现一个个蘑菇群。

蘑菇的种类很多，现已知约有 3250 种。其中大部分可食用，但也有一小部分对人类有害。由于各种毒蘑菇所含的毒素种类不同，因此中毒者的症状也会有所不同。

□小美牛肝菌

据说，墨西哥的魔术师有一套非凡的戏法，他能将人们的灵魂引导进入"天国"，进行一次奇妙的遨游。他给受试者吃一小包"神药"后，一会儿，受试者眼前便出现各种离奇的景象。长期以来人们无法知道墨西哥魔术师所用药粉的奥秘，直到 19 世纪末，植物学家通过不断研究和探索，才揭开了这个谜。原来，魔术师的神奇药粉是用当地生长的一种蘑菇制成的，受试者体验的实际上就是一种蘑菇中毒现象，也叫致幻现象。其实，早在三千多年前，生活在南美洲丛林里的印第安人就发现了这种蘑菇的神奇作用，并对它产生了崇拜的心理，称它为"神之肉"。每当举行宗教盛典时，便将这种蘑菇浸泡在酒里，给参与祭祀活动的人饮用，以共享遨游"天国"的乐趣。

印度有一种叫作毒蝇伞的蘑菇，它含有致幻成分——毒蝇碱，人食后一刻钟便进入幻觉状态，往往做出一些令人捧腹的滑稽动作；并且所看到的东西都被放大，普通人在他的眼里变成了顶天立地的巨人，使之产生惊骇恐惧的心理。有趣的是，据有人试验，让猫吃了这种蘑菇，也会因慑于老鼠身躯的巨大，而不敢捕捉。因此，在医学上将这种症状称之为"视物显大症"。

华丽牛肝菌和我国云南山区生长的小美牛肝菌却具有与毒蝇伞相反的作用，人食用后可产生"视物显小幻觉症"。当人们进入幻觉状态后，便会看到四周有一些高度不足一尺的小人，他们穿红着绿，举刀弄枪，上蹿下跳,时而从四面八方蜂拥而来,向患者围攻;时而又飘然而去,逃得无影无踪。吃饭时,这些小人争吃抢喝;走路时,有的小人抱住腿脚,有的小人爬到头顶,使患者陷于极度恐惧之中。

我国的毒蘑菇分布广泛,在广大山区和乡镇,误食毒蘑菇中毒的事例也比较普遍,曾经被作为多发性食物中毒的原因之一。因此,长期以来鉴别毒蘑菇是人们十分关心的事。我国广大的农村流传着多种识别毒蘑菇的经验,其中都有一定道理。但值得注意的是,有些流传的说法还缺少一定的科学性。如人们经常说颜色鲜艳、样子好看的有毒;不生蛆不生虫的有毒;有腥、辣、臭味的有毒;伤后颜色变化的有毒;煮食时使银器、象牙筷子、大蒜、米饭变黑的有毒等依据,并非全都正确。

因为鉴别毒菌并不容易,所以唯一的办法,是在野外最好不要轻易尝试不认识的蘑菇,同时不偏听偏信,必须在分辨清楚或请教有实践经验者之后,证明确实无毒时方可食用。如果吃了蘑菇后感觉身体不适,应该及时到医院诊治,千万不可大意。

📖 **知识链接**

### 毒 素

蘑菇中毒主要分为6种类型:胃肠中毒型、神经精神型、溶血型、肝脏损害型、呼吸与循环衰竭型和光过敏性皮炎型。毒蘑菇之所以有毒,是因为它们含有一些致病的化学物质——毒素。毒蘑菇含有的毒素成分现在尚不完全清楚,已知毒性较强的毒素包括毒肽、毒伞肽、毒蝇碱、光盖伞素和鹿花毒素等。

# 餐桌新宠山野菜

**科普档案** ●名称:野菜　　●分布:田野山区　　●特征:营养成分高,无污染

　　随着回归自然热潮的兴起,人们重新开始追求全天然的绿色食品。在这种情况下,野菜重返餐桌,成为现代家庭的美味佳肴。

　　当今,随着生活水平的不断提高,人们越来越青睐营养食品和保健食品,而且,随着回归自然热潮的兴起,人们又在追求全天然的绿色食品。在这种情况下,野菜重返餐桌,成为现代家庭的美味佳肴。

　　野菜,即野生蔬菜,是指生于山野中,未经人工栽培的野生可食用植物。野菜的采集和食用,在我国可谓源远流长,《关雎》中便有"参差荇菜,左右流之",描绘青春女子在灿烂春光中轻快采集野菜的场面。不少人有这样的观点:蔬菜是物种千万年进化的产物,而野菜不过是人类发展历程中被淘汰掉的上不得厅堂的野生植物,我们为什么要吃祖先们不屑的野菜呢?

原来,野菜营养价值很高,含有丰富的蛋白质、脂肪、糖、维生素、微量元素、无机盐和膳食纤维等营养成分。据营养学家分析,野菜的营养价值要比种植的蔬菜高出几倍,甚至几十倍。例如,草木樨、龙须菜、野苋菜、苦苣菜等蛋白质含量都在20%以上,要比白菜和菠菜等蛋白质的含量高出好几倍。野菜中胡萝卜素、维生素C的含量也比一般蔬菜高得多,此外,野菜中还含有钾、钙、镁、铁、锰、锌等多种人体必需的矿物质元素。例如,每100克野苋菜含钙高达577毫克,每100克蕨菜含铁高达

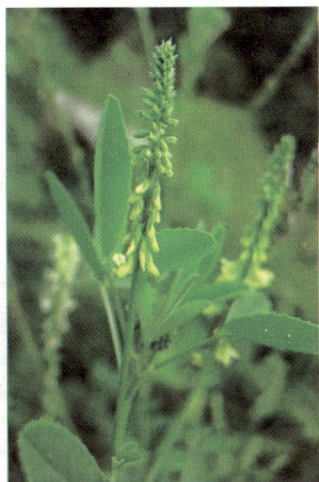

□草木樨

37.9 毫克。

　　野菜不仅能够丰富餐桌,还是防病治病的良药。蒲公英有清热解毒的作用,是糖尿病、肝炎病人的佐餐佳肴。马齿苋可以消炎解毒,有预防痢疾的作用,并对胃炎、十二指肠溃疡、口腔溃疡有独特的疗效。荠菜能清肝明目、止血、和脾胃、降压,主要用于痢疾、肝炎、高血压、妇科疾病、眼病、小儿麻疹等,民间有"荠菜当灵丹"的说法。野苋菜有清热利湿的作用,可治痢疾、肠炎、膀胱结石、甲状腺肿、咽喉肿痛等。苦菜的功效是清热、冷血、解毒,可治疗痢疾、黄疸、肛瘘、蛇咬伤等。灰菜可去湿、解毒、杀虫,用于周身疼痒或皮肤湿疹。蕨菜能清热、利尿、益气、养阴,用于高热神昏、筋骨疼痛、小便不利等。另外,采集野菜本身就有健康与物质双丰收的作用,是很好的健身之道。首先,采野菜可以练眼睛,俯身凝视着一片新绿,顿感目清眼明;其次,采集时不时要蹲下来,对活动腰腿大有裨益。

　　野菜多生长在荒坡野地,不受化肥、农药、工业废水等的污染,是一种全天然绿色食品。因此,在日本、西欧和一些东南亚国家,把野菜誉为"天然食品""健康食品",需求量日增。

　　目前,我国出口的野菜有蕨菜、龙须菜、山芹菜、蒲公英和紫花地丁等几十种,野菜日益走俏已成为一种新趋势。营养学家预测,21 世纪山野菜将风靡全球,成为人们餐桌上的珍馐。

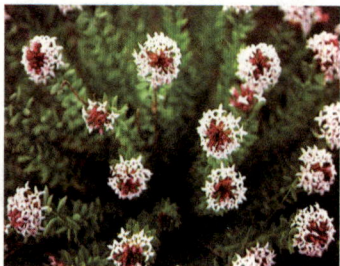

### 📖 知识链接

#### 有毒的野生植物

　　大自然千奇百怪,许多色彩鲜艳,姿态娇媚的植物,竟有着不可忽略的毒性,所以我们在采摘和食用野菜时,一定要谨慎小心。在野生植物中,苍耳子、狼毒草、老公银、曲菜娘子、野芹菜、野生地、毒蘑菇、曼陀罗、毛茛、天南星、红心灰菜、牛舌棵子、石蒜等带有毒性,不能当作野菜食用。

# 植物用途创新

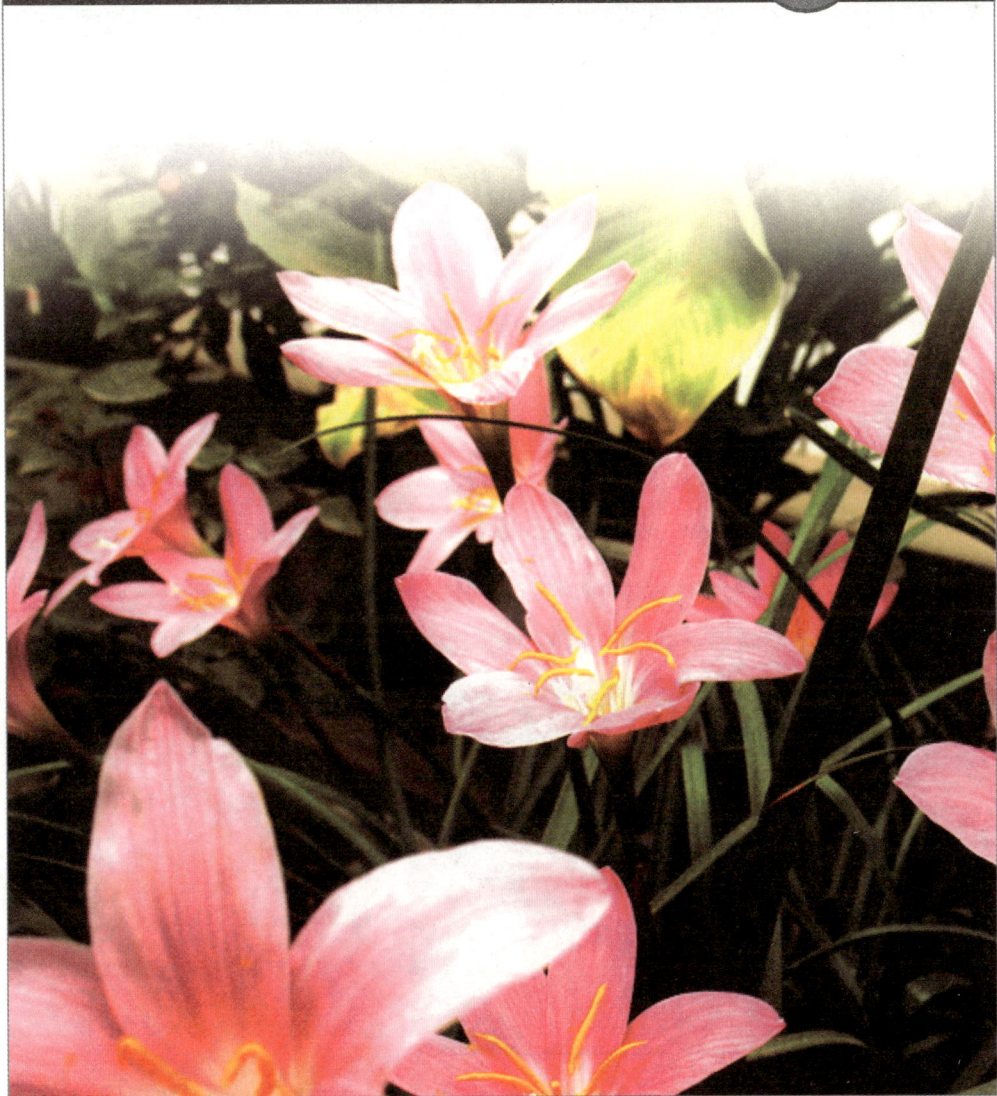

# 树木造纸的革新

**科普档案** ●**名称:**树木 　●**分布:**世界各地 　●**特征:**富含的纤维素是造纸最佳原料

　　用树木造出的纸是书写材料的一次革命，它便于携带，取材广泛不拘泥，推动了中国、阿拉伯、欧洲乃至整个世界的文化发展。

　　读书、看报纸、写字都离不开纸,造纸术是中国古代四大发明之一。如今,造纸业已经成为世界十大重要工业之一。任何物件的发明,都有其产生的特定背景,都是无数发明交融递变的产物,纸的发明以及用树木造纸的发明也不例外。

　　我国古代最早的文字是刻在龟甲和兽骨上的,称为"甲骨文"。后来,人们又把字用刀刻,或用漆、墨等写在竹片或木片上。这种竹片、木片大约有一二尺长,每片可以刻上十来个字,多的可以到三四十个字。古时,竹片叫"简",木片称"牍"。早先,汉字之所以由上到下竖写,而不像其他民族的文字多数由左到右横写,也是由简牍的书写特点而决定的。古时人们写信用不了多少竹片,如要写一本书,就不然了。必须用绳子将竹片连起来才能阅读。现在我们称书的量词为"册",就是将一片一片的简、牍穿起来的象形字。我们可以想象得出,这种用竹、木片"纸"写成的书必定是笨重而不便携带的。战国时,思想家惠施外出讲学, 带的书简就装了五车,"学富五车"的典

□竹简

故即出于此。显然,这种笨重的"纸",严重地影响了文化的发展。

大约在春秋时期,人们开始用丝织成的"帛"来写字。用墨水在帛上写字,要比简牍方便得多,而且帛又轻又软,还可以卷起来。现在有时称一部书为一卷书,即来源于此。可惜的是,这样的"帛纸"虽然很好用,但价格昂贵。在汉代,一匹帛相当于720斤米的代价,一般人是用不起的。因此,直到汉代,"帛纸"和简牍还同时被人们应用着。

□蔡伦改进了造纸术,制成了现代意义上的纸

东汉时期,汉和帝的尚方令名叫蔡伦,他是一名太监,主要负责监管制造御用器物。担任这项职务,自然要考虑节省开支。价格昂贵的帛也在蔡伦的考虑之中。能不能找到一种可以替代帛的书写材料呢,不仅与帛同样的轻便易写,而且价格还很便宜?

蔡伦经常在休息时到城外活动散步。一次,他郊游时看到了漂絮情景。所谓漂絮,就是人们利用不适于抽丝织造的次等茧来做丝棉时,先将次茧用水煮过,再铺在箦席上浸到河水里去,用棍子捣烂成丝棉。从事这项手工劳作的妇女,人们称之为"漂母"。蔡伦发现漂母在漂絮的过程中,有一些残留的丝絮粘在箦席片上,等到晒干后,把残絮剥剔下来就成了一层薄薄的絮片。有些买不起帛的穷人就利用这种絮片写字,不过在这上面写出的字非常模糊。

由于丝制品价格昂贵,一般老百姓穿不起,那时还没有棉花,平民百姓能穿的,只是麻制品。人们将麻的皮剥下来,仍用在水中漂洗捣打的方法,制成适合于织造的麻纱。在这个过程中,也会在箦席上留下麻絮。蔡伦发现,也有人利用麻絮片来写字。"嗯,这倒是个办法,也许可以试试。"于是,蔡伦当起了"漂"。他将那些留在箦席上的丝絮和麻絮收集起来,放在水中继续漂洗捣打，将它们弄得很烂，再用席子把它们捞起来滤掉水分，晒干后就成了一些薄薄的、细密的絮片。用它来写字，效果竟同帛差不多。纸就这样诞生了。后来，造纸术逐渐由我国传入了朝鲜、日本、印度和阿拉伯，又经非洲北部传到了欧洲。

□1713年，罗蒙尔首次提出木材造纸的设想

在蔡伦发明造纸术之后的很长时间里，造纸原料一直是亚麻和棉碎布。随着时代的发展，人们对纸张的需求迅速增长，亚麻和棉碎布已经供不应求了，去哪儿找制造纸张的新原料呢？

1713年，有个名叫罗蒙尔的法国生物学家，偶然在院子里看到了一只马蜂在屋檐下衔木筑巢。马蜂先飞到树上，在树枝上咬下一点木屑，然后飞回吐出来涂在巢座上，便成了倒形莲蓬状的马蜂窝。蜂窝分成许多细格子，每个格子呈六角形，格子的壁又匀薄又结实，风吹也不怕，有点像纸。罗蒙尔一边观察，一边记录。他想：小小的木屑，黏结起来不也能成为一张纸吗？几年后，罗蒙尔根据自己的研究，向法国科学院递交了一篇论文。论文中说：马蜂能够从一般树木中提取些小木屑，而后造出了像我们使用的纸状物来。这似乎在诱发我们：可以不用破布或亚麻造纸，而改用木头去试一试。

1738年，德国人希费尔博士沿着罗蒙尔的思路继续对马蜂窝进行更为详尽的研究。他把马蜂窝分解，割下一块块的巢壁，用清水泡、热水煮，最后得到了一丝丝长短不一的木材料纤维。为了证实自己的观点无误，他又找来了各种各样的植物，包括常用的造纸原料在内，如棉花、亚麻、核桃木等，进行了大量的试验。虽然他费了好大的劲，刀切斧砍锤子砸，分离出了一些纤维，可是由于加工设备不行，终究也没有弄出结果来。

1844年，德国一位名叫凯勒的机械设计师一直在试图从木材中把纤维分离出来。有一次，他随手捡起了一块表面凸凹不平的石头，来回摩擦木块,居然得到了一丝丝的纤维,顿时使他兴奋极了!于是,凯勒连夜绘出了一种能够沿轴心不停地转动的石器,几经修改,进而发展成一种被称为磨石与活动连杆联合的机器。接着,他请人加工制作,不久一架最早的磨木机由此诞生。当这种机器把一段一段的木头连续地磨碎变成纸浆的时候,凯勒的心像开了花似的,由磨木机生产出来的纸浆叫作磨木浆。

由于磨木机的速度快,生产量大,木头的价钱比亚麻低得多。所以造纸厂的老板很高兴,乐意生产磨木浆。他们说:磨木浆的成本便宜,制成的纸吸油墨又快,拿来印报纸是很适用的。于是,许多报社纷纷订货,这样人们约定俗成地把用磨木浆为主要成分生产的纸,称为新闻纸。

经过不断地发展,现在用树木造纸的过程已经比较简单:砍下树木,切成小木片,放入巨大的蒸煮锅内与化学物质混合;在高温和高压下,纤维就分离,形成木浆。木浆经去除松香、树脂之类的杂质后,加入化学染色剂或漂白剂,从大缸的狭缝流入一个不断移动的筛网上,筛网将水排出,留下绝大部分的纤维。随后所形成的纸浆经滚压除去更多的水分,再通过一组蒸汽加热的滚筒烘干,纸张就成型了。

📕 **知识链接**

### 纤维素

树木富含纤维素,这是一种韧性极高的材料,也是所有植物的细胞外壳——细胞壁的重要成分,抗微生物腐蚀能力还很强。树木长得越高大,就需要越多纤维素支持树干,而这些纤维素正是造纸的最佳原材料。

# 橡胶制品的发展

**科普档案** ●名称:橡胶树　　●分布:海南、广东、广西等地　　●特征:有乳状汁液

橡胶一词来源于印第安语 cau-uchu, 意为"流泪的树"。天然橡胶就是由橡胶树割胶时流出的胶乳经凝固、干燥后而制得的。现在, 橡胶制品已被广泛地应用于工业及生活的各方面。

橡胶、钢铁、煤炭、石油并称为四大工业原料。橡胶是用从橡胶树上分泌的乳汁经加工制成的。虽然世界上能分泌出胶汁的还包括橡胶草、银色橡胶菊以及中药用的杜仲树等植物,但产胶量最高、胶质最好的还是橡胶树。

橡胶树又名巴西橡胶,三叶橡胶树,它是一种高达 20~40 米的高大乔木。从橡胶树干上割取的乳液即为干胶,是目前天然橡胶的主要来源。橡胶树的故乡在南美洲,当地印第安人称之为"卡乌巧乌",意思是"树的眼泪",因为橡胶是从橡胶树皮里流出的白色树汁。印第安人早就将树汁晒干,得到弹性很强又能防水的橡胶,聪明的印第安人把它做成黑色的圆球、雨鞋等物件。

1493 年航海家哥伦布第二次航行到美洲的海地岛时,看到印第安人在唱歌时,用一种球按歌的节拍在玩耍,这种球落到地面上会弹得很高,这使哥伦布大为惊奇,他向印第安人打听后才知道,它是用"树的眼泪"——橡胶做成的。于是,哥伦布把这种橡胶球带回欧洲,它曾经成为西班牙王宫里的新鲜玩意。然而,橡胶虽然来到欧洲,当时人们毫不知道它有什么用处,就此,它进了博物馆,竟在博物馆沉睡了 300 年之久,无人问津。

到了 1823 年,人们再也不愿意橡胶在博物馆沉睡下去了。一个名叫马幸托斯的苏格兰人,首先投身解放橡胶的事业。马幸托斯把橡胶压成薄片,

再用两层布夹着它缝合起来做成雨衣。虽然，这种雨衣可以防雨，但用不了多久，就会给人带来麻烦，因为，它在夏天，会变得糨糊般黏稠，冬天又变得玻璃般硬脆，因此，不受人们欢迎。马幸托斯创办的雨衣厂，不久就倒闭了。

真正把橡胶从博物馆里解放出来的是美国工人古德伊尔。古德伊尔出身于穷苦工人家庭，小学没有毕业就去做工。他是一个道地的"化学迷"，一有空，就把自己的破房当实验室，把炉子、锅子、勺子等简陋物件当作仪器，埋头做起化学实验。1830年，古德伊尔下决心要把橡胶从博物馆里解放出来去为大众服务。他用各种化学试剂放进橡胶浆中熔化，力图改进橡胶性能，成为工业上的用品。几年过去了，橡胶还是不听他使唤，他累得病了，朋友劝他放弃实验，去干别的，但古德伊尔毫不气馁地仍坚持做实验。1838年夏天的一个深夜，古德伊尔已做了一天实验，十分疲劳，偶然失手，将一包硫粉掉进熬热的橡胶锅中，于是，他焦急地把锅中的橡胶刮了下来，此刻他惊奇地发现橡胶变得更干燥而更富有弹性了。机智的古德伊尔此刻已意识到自己的重大发明了。接着，古德伊尔一次又一次观察硫黄放到橡胶中的试验，找出了最佳的配方，最终成功地创立了橡胶硫化法。这种方法改良了橡胶的弹性和耐用性，大大促进了橡胶的用途。从此，橡胶的需要量大幅度增加，野生橡胶林已无法满足工业生产的需要。

1875年，英国政府指派一个名叫威凯姆的商人从巴西弄回7万橡胶树苗，种植到英国皇家植物园，结果只有3%成活，而且长势也不好，究其原因，是橡胶不适宜在英国寒冷的天气下生活，于是，威凯姆把其中的22棵移到马来西亚种植，结果获得成功。如今，橡胶

□ 橡胶树干上割取的乳汁是天然橡胶的主要来源

树已遍布40多个国家和地区。种植面积较大的国家包括印度尼西亚、泰国、马来西亚、中国、印度、越南、尼日利亚、巴西、斯里兰卡、利比亚等。我国植胶区主要分布于海南、广东、广西、福建、云南，此外台湾也可种植，其中海南为主要植胶区。

橡胶是一种技术性要求很强的热带作物，不但栽培管理要有技术规程，割胶也有严格的制度。割胶制度规定了割胶最适宜的季节，割胶天数，割胶时间，割胶树皮的高度、宽度和深度，以及每天割胶株数等。从橡胶树取橡胶汁的方法是用刀把树皮割开，划成一个"V"字形，这时，橡胶树内便会渗出许多白色的乳汁，称为胶乳，胶乳经凝聚、洗涤、成型、干燥即得天然橡胶。值得一提的是，橡胶树是有毒植物，其种子和树叶有毒，小孩误食2~6粒种子即可引起中毒，症状为恶心、呕吐、腹痛、头晕、四肢无力，严重时出现抽搐、昏迷和休克。

📖 **知识链接**

### 天然橡胶与合成橡胶

橡胶分为天然橡胶和合成橡胶。20世纪初化学家测定出了天然橡胶是异戊二烯的高聚物，这就为人工合成橡胶开辟了途径。1910年，俄国化学家布特列洛夫合成出了丁钠橡胶，以后又陆续出现了许多新的合成橡胶品种，现在，合成橡胶的产量已大大超过天然橡胶，其中产量最大的是丁苯橡胶。

# 青檀制造宣纸的历史

**科普档案** ●名称:青檀　●分布:低山丘陵地区　●特征:制造宣纸的优质原料

青檀制作的宣纸，举世皆知，堪称奇葩，有"纸中之王、千年寿纸"的誉称。其纸质洁白、柔软，不易虫蛀，易于毛笔书写和保存，历代文人墨客、书画名家无不珍爱喜用。

世界上的纸有很多，我们平时见的报纸(新闻纸)、书写纸、包装纸、卫生纸、钞票纸等，不足为奇。可是，在所有的纸中，唯有我国产的宣纸，堪称奇葩，有"纸中之王、千年寿纸"的誉称。制造宣纸的材料来自檀树家族里一位被称为"中华瑰宝"的成员——青檀。

青檀是我国特产树种，又名檀皮、翼朴、青藤，主要分布在皖南山区溪谷地带及皖北琅琊山的森林中。用青檀的皮来制造宣纸是一位名叫孔丹的工匠发明的。相传孔丹是蔡伦的徒弟，他一直想造一种精良的白纸，继承师业，为师傅画像。但是，屡次试验都失败了。经过一番筹划，孔丹背起包袱，夹着雨伞，辞别亲人，跋山涉水，行万里路，周游四方，寻师访友，切磋技艺，以了却心愿。

有一天，他来到宣州府（现为安徽省泾县境内），踏着泥泞的小路，在蒙蒙的雨丝中，继续向前行走。突然，孔丹觉得眼前一亮，在灰色的山雾中沟边溪水里似乎有一片雪白的东西！他三步并两步地赶过去，弯腰细看：哦，原来是一些树枝掉进山沟里，被长年不断的潺潺溪水浸泡，天长日久，腐烂变白了。孔丹迟疑了一会儿，一连串的问号在他的脑海中浮起：这是什么树？这是什么水？这是

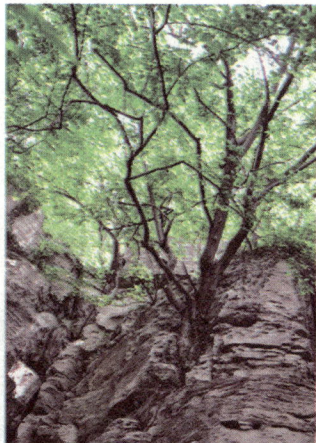

□青檀

什么地方?

孔丹决定留居下来,他上山打柴,搭盖草屋,又向周围的樵夫、乡亲们请教。流年似水,一晃三年过去了。孔丹终于弄清楚了这种四季生长的常绿树,名叫青檀。它是当地的特产,别处极少生长。青檀的纤维柔软、细长,特别适合造纸。这山中的溪水也不同于一般。水质清澈见底,通过怪石嶙峋的山洞,蜿蜒流出,再分成两股而去。一股水适合制浆(后来才知道这股水流含碱);另一股水利于抄纸(后来才了解到那股水流含酸)。这是大自然的巧妙安排,可谓得天独厚。孔丹和他的朋友经过多年的不懈努力,利用青檀树皮为原料,精心加工,先在溪水中分散开纤维;然后在水中捞起纤维,交织于竹帘上,再压榨,烘干,从而制成了质量上乘的好宣纸。由于宣纸是在宣州府生产的,因地得名,故称之为宣纸。

现在,宣纸的制作工艺更为精细,它以青檀树为主,配以部分稻草,经过长期的浸泡、灰腌、蒸煮、洗净、漂白、制浆、水捞、加胶、贴烘等十八道工序,一百多道操作过程,历时一年多,方能制造出优质宣纸。

除了皮可用做造纸之外,青檀浑身都是宝。其树叶和种子能做猪、羊饲料,细枝条用来编筐,枝杈还可做农用杈齿。青檀的材干凹凸不平,但因其材质细密而坚硬,纹理直,可用于制作柁、檩、家具、车轴、小农具、绘图板、砧板、细木加工及各种木柄等。因此青檀既是久负盛名的特种经济树种,又是崭露头角的水源林树种,此外还是用途广泛的用材树种。

### 📕 知识链接

#### 宣　纸

宣纸是专供毛笔作书画用的纸,其润墨性好,变形性小,耐久性高。能够适应笔锋、泼墨的浸湿,显出"力透纸背"的神效。另外,这种纸还不怕搓揉,裱后能平展如初。宣纸"寿命"极高,我国流传至今的大量古籍珍本、名家书画墨迹大都用的是宣纸,保存至今依然完好。

# 除草剂的发明

**科普档案**　●名称:杂草　●分布:世界各地　●特征:传播方式多,繁殖与再生力强

　　除草剂是指可使杂草彻底地或选择地发生枯死的药剂。除草剂的发明使用,不仅减少了杂草引起的经济损失,提高了除草效率,而且减免了作物栽培中的部分机械除草作业。

　　杂草一直以来都是农田作物的大敌,长期以来,人们运用各种方法去除杂草,其中,除草剂是用以消灭或控制杂草生长的一种农药,它是科学家们"歪打正着"的产物。

　　19世纪末期,法国葡萄的主要产地流行着一种叫作葡萄蚜的害虫。这种害虫是附在嫁接用的葡萄枝条上从美国传去的。葡萄酒是法国的名产,由于这种害虫的出现,葡萄大幅度减产,农民叫苦连天。

　　1876年,波尔多大学的植物学教授米亚卢德不忍目睹当地的这一惨状,抛弃了纯科学研究,开始研究防治这种病虫害的方法。他把对这种病虫害有很强的抵抗力的美国葡萄作为砧木,然后嫁接上欧洲的良种葡萄接穗,从而成功地减轻了灾害。然而,在葡萄蚜传入的同时传进的病害却开始蔓延开来,这是由一种霉菌引起的葡萄病害。

　　1882年10月的一天,米亚卢德经过波尔多附近葡萄园中

□法国葡萄园

□葡萄

的甬道。只见一望无际的葡萄树由于霉菌病而枯萎了，米亚卢德心里非常难过。但是他发现了奇怪的现象，靠近甬道的葡萄都没有染上病，生长得很茂密。这一行葡萄为了防止过路的人偷吃而喷上了波尔多液。这种溶液是由硫酸铜和石灰混合而成的，看上去呈绿色，似乎有毒，走过的人害怕葡萄上有毒，谁也不敢摘。

米亚卢德感到不解。他突然想起是不是因为波尔多液有防止霉菌病和霉菌繁殖的效力呢？他回到大学后便立即着手研究。经过三年的艰苦努力，他找到了波尔多液防止霉菌病的霉菌繁殖的原因。原来，在波尔多液中，硫酸铜溶解后产生了铜离子，这种铜离子能够妨碍霉菌病霉菌孢子发育，因此，霉菌就不能繁殖。在后来的一段时间里，霉菌病的流行暂时被控制住了，但到1885年再次开始蔓延开来。为此，米亚卢德开始了大规模的实验。他把一个大葡萄园一分为二，一半喷洒波尔多溶液，而另一半什么也不喷洒。不久，没经喷洒处理的葡萄染上了霉菌病，而喷洒了波尔多液的葡萄几乎都没有染病。消息传开以后，波尔多液不仅为欧洲，而且为全世界所使用。虽然波尔多液最早是用来消除虫害的，但后来人们偶尔发现波尔多液能伤害一些十字花科杂草而不伤害禾谷类作物。世界各国的科学家们据此开始了除草剂的研制。

1941年，美国人波科尼研制出了一种新型农药，准备用以防治农作物的病虫害。但波科尼在生物测定中发现，这种农药无杀虫杀菌作用。第二年，另外两位科学家通过实验发现，波科尼研制的农药在低浓度的条件下具有调节植物生长的作用。在较高的浓度下可除灭麦、稻、玉米、甘蔗等作物田中的杂草，而不损伤作物。至此，这一"歪打正着"的研究成果开创了有机除草剂发展和使用的时代。

农作物与杂草同属于高等植物，除草剂必须具备有特殊的选择性，才能安全有效地在农田使用。有些除草剂对植物的杀伤力具有选择性，有些虽然不具备选择性或选择性不强，但可以利用它们的某些特点或农作物与杂草之间的某些差异，采用恰当的施药方法，就能达到安全除草的目的。

除草剂的使用，不仅大大减少了杂草引起的经济损失，提高了除草效率，节省了人工，而且减免了作物栽培中的部分机械除草作业。这就为改变栽培方式，如改稀植为密植，发展飞机播种水稻，发展免耕法、少耕法栽培等创造了条件。所以除草剂的综合经济效益远远超过了杀虫剂和杀菌剂，因而其在化学农药生产中占有重要地位。

### 知识链接

## 除草剂

除草剂一般分芽前除草剂、苗后除草剂、灭生性除草剂。芽前除草剂能够使杂草幼芽、幼根体内的蛋白质合成受阻，使其慢慢凋萎。苗后除草剂能使杂草生化过程受阻而死亡，作物不受影响。灭生性除草剂没有选择性除草作用，对所有作物、杂草都有毒性。

# 麻醉药的鼻祖曼陀罗

**科普档案** ●名称:曼陀罗 ●分布:我国各省 ●特征:植株高大,花朵硕大美丽

中国历史上著名的外科专家华佗,首创用"麻沸散"作为口服麻醉剂,待病人失去知觉后进行死骨剔除术和剖腹术,此做法开世界外科麻醉史之先河。而据考证,"麻沸散"的主要成分就是曼陀罗。

读过《三国演义》的人,都知道"关羽刮骨疗毒"的故事。在与曹军作战时,关羽中了乌头毒箭,伤势严重,后经华佗之手"刮骨疗毒"很快痊愈。人们在赞赏关羽英雄气概和华佗医术高明时,很难想到一种叫曼陀罗的植物。但据后人考证,华佗施外科手术时,所以患者不感到疼痛,主要仰仗他的秘方"麻沸散",有了它的帮助,华佗可以为人施剖腹手术。今天科学家的研究表明,华佗"麻沸散"的主要成分就是曼陀罗。

曼陀罗又叫洋金花、大喇叭花、山茄子等,是茄科曼陀罗属植物,原产地在印度。现在,曼陀罗分布极广,几乎世界上的温带和热带地区都有野生。在我国各地的山坡上、草丛中、道路旁,以至农舍的房前屋后,都不难见到它的踪迹。它那长长的喇叭形白色或淡紫色花朵大而美,因此它作为观赏植物,经常出现在我国宋朝时期文人的笔记中。但曼陀罗又有毒性,故文人在将各种植物拟人化时,戏称它为"恶客"。

曼陀罗被用作麻醉剂,首先不是医药家,而是政府官员用来在西南一带镇压少数民族起义。仅在北宋,就发生过两起用曼陀罗麻醉法捉拿对手的事件。南宋周去非在广西做官时,第一次详细描述了曼陀罗花的形态和作用:广西曼陀罗,遍生原

□曼陀罗

094

野。大叶白花，结实如茄子而遍生小刺。乃"人草"也。盗贼采，干而末之，以置人饮食，使之醉闷。盗贼用来麻人，然后拿起人家的箱子就走。

到了明代，李时珍对曼陀罗花的功效还曾做过试验。李时珍是我国古代著名的医学家，重实践、重考查、重验证的实学学派的代表人物。他在年轻的时候就听人说，有一种神奇的植物叫曼陀罗，人们一见到它就会情不自禁地又唱又跳。李时珍费了一些周折，终于找到了这种植物，一时并没有发现有什么异常。他为了探明究竟，也是为了改变人们的传说，走到哪里手里都拿着曼陀罗。后来他亲自服下了曼陀罗，发现它有麻醉和使人兴奋的作用，少量可以治病，过量，在别人的暗示下，的确可以叫你唱你就唱，叫你跳你就跳。此后，曼陀罗被广泛用于制造麻醉剂。到了清朝时期，曼陀罗已经成了麻醉药的首选药物。

曼陀罗为什么有如此神奇的麻醉和致幻作用呢？现代药理研究发现，曼陀罗有麻醉作用是因其植株体内含有"东莨菪碱"的缘故，它是一种能够有效抑制中枢神经系统和解除支气管痉挛的抗胆碱药，医学工作者通过对其进行的药理试验，终于研究出中药麻醉术。以从曼陀罗花中提取的生物碱与其他药物组合可作为全身麻醉用药。在麻醉中，患者的呼吸与血压能够保持平稳，肝肾功能也无明显影响，而且操作简便，特别适用于手术麻醉，麻醉时间可根据情况维持3~10个小时，改变了人们以往"现代麻醉术只能依靠西药"的观念。所以，曼陀罗又被称为"东方麻醉剂"。1970年，中国医学家成功地采用中药洋金花等合成麻醉剂，使1000多年前的"麻沸散"重放光芒，博得了中外医学家的好评。

📖 **知识链接**

### 曼陀罗的其他药用价值

曼陀罗花不仅可用于麻醉，还可用于治疗疾病。其叶、花、籽均可入药，味辛性温，有大毒。花能去风湿，止喘定痛，可治惊痫和寒哮，煎汤洗治诸风顽痹及寒湿脚气。花瓣的镇痛作用尤佳，可治神经痛等。叶和籽可用于镇咳镇痛。

# 清热解毒的金银花

**科普档案** ●**名称:**金银花　　　●**分布:**我国各省　　　●**特征:**生命力强,耐寒,耐旱

金银花又名忍冬,自古被誉为清热解毒的良药。"金银花"一名出自《本草纲目》,由于忍冬花初开为白色,后转为黄色,因此得名金银花。

　　每当夏秋季来临,我国南北诸省的山区、丘陵,都生长着一种蔓藤爬攀植物,开黄白两色的鲜花,清香扑鼻,这就是"金银花"。

　　金银花又名银花、双花、忍冬,是一种缠绕性的木本植物,以花蕾和藤入药,有清热解毒的作用。它的花都是两朵两朵生长在叶腋处的,所以有人

□金银花

称它为"双花"，这些花在它们还是花蕾时或刚开始开放时是白色的，过了 2~3 天花的颜色便由白变成金黄色，整株植株上又有白花，又有黄花，所以被叫作金银花。

关于金银花名称的由来还有一个传说：诸葛亮在七擒孟获的过程中，大部分将士水土不服，中了山岚瘴气。后经过一小村寨，见村民面黄肌瘦，诸葛亮顿起恻隐之心，发放军粮施救。村民们十分感谢，一土著白发老人得知许多蜀兵患了"热毒病"时，便叫来自己的一对孪生孙女儿："金花、银花，你们去采几筐仙药来

□ 金银花是清热解毒的佳品

为蜀军解难。"然而三天后，姐妹仍未归来。人们多方寻找，在一处山崖，只见两只药筐中已采满了草药，筐边有野狼的足迹和被撕碎的衣服鞋子……蜀军将士吃了草药得救了，而金花、银花却为此献出了生命，为了纪念她们，人们就把这种草药开的花叫作"金银花"。

早在 2000 多年前，我们祖先就认识了金银花的药用价值。秦汉时期的中药学专著《神农本草经》中就把金银花列为上品。相传，被唐太宗封为"药王"的孙思邈，起初竟不识金银花。一天，他在乡村看见姐妹俩正在晒药材，想找口茶喝，姐姐从后山采回金灿灿的花朵泡了一碗"金花茶"；妹妹采回银灿灿的花朵沏了一杯"银花茶"。孙思邈喝了一口金花茶，又饮了一口银花茶，只觉味甘鲜美清淡，有止渴清热之功，非常高兴地说："这两种花可以入药！"姐妹俩笑得合不拢嘴，告知孙思邈："这本是一种花，花初开白色，盛开时黄色，名叫金银花。"孙思邈恍然大悟。他以金银花为主，佐以甘草、生地、桔梗配出了甘鲜汤方剂。以金银花和连翘为主药的银翘丸是治疗感冒、咽喉炎、口腔炎和某些皮肤病的有名成药。

宋代张邦基的《墨庄漫录》中也记载着关于金银花的一则小故事：崇宁

年间,平江府天平山白云寺有几位和尚,在山洞采了一些蕈子,煮熟吃,到了半夜,几个和尚都呕吐不止,其中三人急忙寻来"鸳鸯草"生吃下去,结果平安无事;另外两位不肯吃"鸳鸯草"的,最后呕吐不止而丧生。这"鸳鸯草"便是金银花。

现代医学研究发现,金银花的藤、叶、花均可入药,对多种致病菌、病毒有抑制作用,可谓中药里的广谱抗生素,被冠于清热解毒之首。含有金银花的药方、药膳方特别常见,据调查,全国有三分之一的中医方剂用到金银花。人们熟知的"银翘解毒丸""银黄口服液",都以金银花为主。日常生活中,人们还经常以金银花泡水代茶来治疗咽喉肿痛和预防上呼吸道感染。

随着人们食物构成的改变和生活水平的提高,金银花的用途也越来越广,开始由药品向食品、饮料和日用化工方面发展,金银花露、忍冬花牙膏等相继问世。这些产品除供应国内外,还远销国外。

### 🔖 知识链接

#### 金银花的象征意义

金银花的枝条、叶子和花都成双对生,连花瓣也是两片对生,因此有鸳鸯花之美称,人们常用金银花装饰婚礼,象征着一对新人的爱情纯洁、坚贞。向恋人赠送金银花,表示真诚的爱。结婚纪念日夫妻互赠金银花,表示感情甜蜜,恩爱延绵不断。

# 饮料之王咖啡

**科普档案**　●名称:咖啡　●分布:热带、亚热带　●特征:种子碾成粉可制作饮料,有兴奋作用

从埃塞俄比亚的牧羊人第一次发现咖啡到现在，已经有 1500 多年的历史了。这是充满艰辛传奇、丰富多彩的 1500 多年。截止到 2000 年，咖啡已成为世界四大饮料之首，创造了一年消耗 4000 亿杯的记录。

当今市场上看到的各种饮料琳琅满目,但最主要的日常饮料是产在亚洲的茶、南美洲的可可和非洲的咖啡。在这三种世界著名的饮料中,咖啡的年销量达 350 多万吨,是可可、茶叶的 3 倍,居世界三大饮料之冠。

咖啡是一种原产于热带非洲的茜草科常绿灌木和小乔木。野生的咖啡树可以长到 5 至 10 米高,但庄园里种植的咖啡树,为了增加结果量和便于采收,多被剪到 2 米以下的高度。每到收获季节,咖啡树枝条上挂满了一串串红色的咖啡浆果,果实内含有两粒种子,这就是人们常说的咖啡豆。将种子洗净后,经过焙炒,再进一步研碎,就成为可饮用的咖啡粉了。

咖啡的英语名字是从阿拉伯语"卡法"而来的。卡法是非洲埃塞俄比亚南部的省份,一般认为这里就是咖啡的故乡。早在 4000 多年前,居住在埃塞俄比亚西南部高原的阿高族人就已经种植和利用咖啡了。长期以来,在当地一直流传着这样一个故事:一天,一个牧羊人把羊群赶到一个陌生的地方放牧。在一个小山岗上,羊群吃了一种小树上的小红果,傍晚归来后,羊群在围栏中一反常态,不像平日那样安详温顺,驯服平静,而是兴奋不已,躁动不安,厮打鸣叫,甚至是通宵达旦地欢腾跳跃,主人原

□ 未成熟的咖啡浆果

以为羊吃了什么草中毒了,几次起床打起灯火细看,但却见羊精神抖擞,活蹦乱跳,不像中毒疼痛的样子。第二天早上,牧羊人准备把羊群赶到另一个地方放牧,打开围栏后,羊拼命地往长有小红果的山上跑,牧羊人怎么鞭打阻拦都无济于事,当牧羊人精疲力竭后,只好尾随羊群来到小山岗上。牧羊人见每只羊都争抢着去吃小红果,感到十分奇怪,于是就采摘了一些小红果反

□巴西(Brazil)是世界上最大的咖啡生产输出国

复咀嚼品尝,发现这种小红果甜中带有一些苦味。放牧归来,牧羊人感到精神无比兴奋,一夜难以入眠,甚至跟随羊群手之舞之,足之蹈之地跳起来。小红果的神奇作用很快传开了,埃塞俄比亚的牧羊人四处采摘小红果咀嚼,并拿到市场上出售。后来,这种小红果就发展成了当今世界最走红的咖啡饮料。

卡法地区的咖啡很早以前便通过商队运往中东一带。至 13 世纪,阿拉伯人也已饮用咖啡了,当时咖啡被引种于也门山区,大约在 16 世纪中东一带已广泛种植咖啡了。17 世纪,咖啡先后输至欧洲各国,产品主要来自也门。咖啡的种植也相继传入东南亚,拉丁美洲和非洲其他地区。印度尼西亚的爪哇是东南亚最早种植咖啡的地区,同时咖啡也从爪哇进入南美洲,又于 18 世纪再从巴西进入哥伦比亚。至 19 世纪初,爪哇代替也门成为当时世界上咖啡的主要供应地。如今,巴西已成为世界上咖啡最大的生产国,年产量约占世界的 1/3,而哥伦比亚则占了第二位。

咖啡中含有蛋白质、脂肪、粗纤维、蔗糖、咖啡因等多种营养成分,对人有提神醒脑、利尿强心、帮助消化、促进新陈代谢等作用。据研究,长期适量饮用,有恢复青春的功能,对儿童多动综合征也有较好的疗效。因此,它是

既适于家庭、又适于餐厅饮用的理想饮料,在国内越来越受到人们的欢迎。但值得注意的是:饮咖啡过量,却是对人体有害的。因为咖啡中的主要成分是咖啡因,一杯咖啡含有100~150毫克咖啡因。咖啡因虽可以提神,但10克咖啡因也足以使一个成年人丧命。所以短时间内饮大量咖啡,会使人有中毒的危险。长期饮用咖啡,会使人体对咖啡因产生依赖性,一旦停喝,就会使大脑高度抑制,出现血压降低、剧烈头痛等症状;有的甚至精神异常,出现喜怒无常、骚动、忧郁、淡漠等症状。

无节制地喝咖啡,还会带来其他一些副作用:如咖啡因可使血清胆固醇值增高,常喝咖啡的人患冠心病的比例比不饮咖啡的人要增加1倍;每天喝咖啡的孕妇,生下的婴儿其肌肉张力较低,肢体活动能力较差,饮酒后再喝咖啡,会加重酒精对人体的损害;边饮咖啡边抽烟,会造成大脑过度兴奋等。总之,饮用咖啡适量,对人体有益;不加控制地滥饮,则对人体有害。

### 🔖 知识链接

### 咖啡树

咖啡树只适合生长在热带或亚热带,大多数种植在低纬度的海拔约200~2200米左右略有起伏的山地,喜温暖、湿润的气候,年均气温在18~22℃。我国引种的咖啡主要栽培于云南、广东、广西、海南、台湾和福建等省区。

# 承载文化的中国茶

**科普档案** ●名称:茶　　●分布:中国南方　　●特征:茶叶中含有多种对人体有益的成分

中国茶是对地球人健康的巨大贡献。中国茶传播到世界各地，增进健康，增进快乐，增进身心和谐，为健康理念和禅茶文化增添了无限魅力。

茶叶、咖啡、可可是著名的世界三大饮料，正像咖啡是"西方饮料的上帝"一样，茶被称为"东方饮料的皇帝"。

茶是山茶科植物茶的芽叶。我国是世界上最早发现和利用茶叶的国家，远古时便有"神农尝百草，日遇七十二毒，得茶而解之"的传说，可见当时茶叶在医疗上的贡献是很大的。此后人们逐渐认识到了茶叶的饮用价值。公元前500年的《尔雅》一书中已有茶的记载。

公元前1世纪的西汉时期，我国已将茶作为饮料，并加以栽培。三国时期，在江南一带饮茶已成为一种习惯。魏晋南北朝时，植茶技术和饮茶之风已遍及长江中下游，同时也逐步发展到沿海各省及西北地区。公元8世纪的唐代中叶，饮茶习惯盛行于全国，并出现了专门的茶馆。公元758年，陆羽著成《茶经》，这是世界上第一部关于茶叶生产的科学著作，它将唐以前的种茶经验系统地加以总结，论述了茶的起源、种类、特性、制法、烹煎、茶具、水的品第、饮茶风俗、名茶产地以及有关茶叶的典故和用茶的药方等。

唐代以后，茶叶在西北地区游牧的少数民族的经济生活中逐步占据了相当大的位置。牧民一般以肉食为主，茶叶几乎是他们唯一的食用植物，因此对茶叶的需求量很大，有"宁可三日无粮，不可一日无茶"的谚语。至宋朝，茶树栽培已经很广。到元朝时，饮茶已经司空见惯，元曲《玉壶春》中这样唱到："早晨起来七件事，柴米油盐酱醋茶。"

由于一直采取限制性贸易，饮茶在很长一段时间里，仅限于我国及周边一些国家。茶的全球传播，得益于阿拉伯人的中介作用。大约850年时，阿拉伯人通过丝绸之路获得了中国的茶叶。1559年，他们把茶叶经由威尼斯带到了欧洲。在当时的欧洲，饮茶当属贵族生活的一部分，由于价格高昂，只有很少人能喝得起茶。到17世纪初，独具慧眼的英国东印度公司看准了茶叶贸易的商机，花了几十年时间，最终取得了与中国人从事茶叶贸易的特许经营权。17世纪以来，随着海运的发展，我国的茶叶销往了世界各地，至19世纪下半叶时，我国的茶叶生产和贸易进入了全盛时期。据历史资料，1866年我国的茶叶出口量达260多万担，占当时世界茶叶贸易的80%以上。我国不但是世界上发现茶树和应用茶叶最早的国家，同时也是世界上茶树品种最丰富的国家。现在世界上发现的茶树共有约30属，500种，我国有其中的14属，397种。大凡山峦重叠、翠岗起伏、佳木葱郁、云海飘浮的名山大岳，差不多都出产名茶，如黄山毛峰、武夷岩茶、庐山云雾、君山银针、天台华顶、天目毛峰等，都被列为茶中上品，畅销国内外。

为什么高山上生长的茶叶品质特别好呢？这与高山上的空气、温度、光照、土壤等自然环境有关。我们知道，山越高，空气就越稀薄，气压也就越低。茶树在这种特定环境里生

□黄山毛峰

□武夷岩茶

□庐山云雾

□君山银针

□茶园风光

活,茶叶的蒸腾作用就相应地加快了,为了减少芽叶的蒸腾,芽叶本身不得不形成一种抵抗素,来抑止水分的过分蒸腾,从而形成了茶叶的宝贵成分芳香油。同时,高山上一年四季时常云雾弥漫,使茶树受直射光时间短,漫射光时间多,光照较弱,这正好适合茶树的耐阴习性。由于高山雾日天气多,空气湿度相对较大,这样长波光被云雾挡了回去,而短波光透射力强,可以透过云层照射到植物上。茶树受这种短波光的照射,极有利于茶叶芳香物质的合成。所以,种植在高山上的茶叶香气就比较浓。其次,高山地区昼夜温差大,山高温度低,对茶叶生长也是一个有利条件。气温低,茶叶生长速度缓慢,这样就有利于茶叶内的成分,如单宁酸、糖类和芳香油等物质的积累和贮存。再有一点是,高山栽茶的地方大部分为砂质土壤,土层深厚但通气良好,酸碱度适宜,加上树木葱郁,落叶多,使土壤肥沃,有机质丰富。这也是促使茶树生长和茶叶质地优良的一个因素。另外,高山大岳中,环境很少受到人为的污染。没受污染的茶叶,质量自然是上乘的,也理所当然地会得到人们的青睐。

众所周知,饮茶有许多益处,但饮茶为什么会有许多好处呢?原来,茶叶中所含的有机化学成分竟然达450多种,无机矿物元素达40多种。在这些对人体有益的物质中,单宁酸能起止渴、解油腻、消毒、杀菌、止泻、抗衰老和抗御原子能辐射的作用。茶叶中的咖啡因,能使大脑兴奋,心跳加快,血流加快,消化液增多,肾的滤尿功能提高。这就是饮茶能提神、助消化、解疲劳和利尿的缘故。茶叶中的儿茶酸,有增强血管柔韧性、弹性和渗透能力的作用,所以能预防血管硬化。儿茶酸还有增强人体对低气压的适应能力,防止因气压太低而出现气促不舒服的感觉。国外医学认为饮茶有降低血中胆固醇,防止肝中脂肪积累及预防动脉硬化和高血压的作用。茶叶中的硅酸,可以促使结核部位形成瘢痕,制止结核菌扩散;还可使白细胞增多,增强人体抗病能力。茶叶中的胡萝卜素,可视为眼疾患者的良药,加上饮茶能抵御放射物质对人体的危害,因此,看电视常饮茶有益无害。茶叶中的微量氟化物,有防蛀牙、祛口干口臭、排除污浊、抗菌消炎的作用。

茶虽然被视为是治疗疾病的良药,但对有些病人来说,是不宜喝茶的,特别是浓茶。因为浓茶中的咖啡因能使人兴奋、失眠、代谢率增高,不利于休息;还可使高血压、冠心病、肾病等患者心跳加快,甚至心律失常、尿频,加重心肾负担。此外,咖啡因还能刺激胃肠分泌,不利于溃疡病的愈合。

### 知识链接

## 茶的分类

茶按色泽或制作工艺可分为:绿茶、黄茶、白茶、青茶、红茶、黑茶。绿茶为不发酵的茶;黄茶为微发酵的茶,发酵度为10%~20%;白茶为轻度发酵的茶,发酵度为20%~30%;青茶为半发酵的茶,发酵度为30%~60%;红茶是全发酵的茶,发酵度为80%~90%;黑茶为后发酵的茶,发酵度为100%。

# 巧克力之母可可

**科普档案**　●名称:可可　●分布:美洲热带　●特征:制造可可粉和可可脂的主要原料

可可豆经发酵及烘焙后可制成可可粉及巧克力，由于巧克力和可可粉在运动场上逐渐成为最重要的能量补充剂，发挥了巨大的作用，人们便把可可树誉为"神粮树"，把可可饮料誉为"神仙饮料"。

如今很多人都喜欢吃巧克力糖，吃下后芳香可口，提神醒脑，对胃肠也没有不良的副作用。有些胃肠功能弱的老年人和小孩子，吃水果糖等不大适应，但吃巧克力糖却很好。这是为什么呢？因为巧克力糖主要是用可可制成的。可可营养丰富，味醇且香，具有兴奋和滋补的作用。

可可是梧桐科的一种常绿、喜荫、树姿美丽的小树，它的果实不像其他植物那样长在枝条的顶端，而是结在粗壮的树干上，这种奇特的现象是树木的原始性和古老性的一种体现。当可可树白色细弱的小花开过以后，就结出了体形硕大、长圆形的核果。核果上有数条纵沟，内含30~50个犹如蚕豆大小的种子。当果实成熟以后，可取出种子。经过数日的发酵后，种子内部变成红棕色，并产生出浓郁的香味，然后经晒干或烘干至6%~7%的含水量时，进行碾压，直至榨出可可脂，形成糊状的巧克力浆，这就是制造巧克力的原料，而榨出的含可可脂的可可饼粉碎后即为可可粉。

可可原产于中、南美洲的热带雨林中，生长在海拔30~300米，年均气温18.3~32℃，年降雨量不少于1000毫米的地区。早在3000多年前已有人工栽培，印第安人十分喜爱可可树，他们知道如何采集野生的可可，把种仁捣碎，做成一种叫作"苦水"的饮料。

1519年，以西班牙著名探险家科尔特斯为首的探险队进入墨西哥腹地。旅途艰辛，队伍历经千辛万苦，到达了一个高原。队员们个个累得腰酸背疼、筋疲力尽，一个个横七竖八地躺在地上，不想动弹。科尔特斯很着急，前方的路还很长呢，队员们都累成这样了，这可怎么办呢？正在这时，从山下走来一队印第安人。友善的印第安人见科尔特斯他们一个个无精打采，立刻打开行囊，从中取出几粒可可豆，将其碾成粉末状，然后加水煮沸，之后又在沸腾的可可水中放入树汁和胡椒粉。顿时一股浓郁的芳香在空气中弥漫开来。

印第安人把那黑乎乎的水端给科尔特斯他们。科尔特斯尝了一口，"哎呀，又苦又辣，真难喝！"但是，考虑到要尊重印第安人的礼节，科尔特斯和队员们还是勉强喝了两口。没想到，才过了一会儿工夫，探险队员们就好像被施了魔法一样，体力得到了恢复！惊讶万分的科尔特斯连忙向印第安人打听可可水的配方，印第安人将配方如实相告，并得意地说："这可是神仙饮料啊！"

1528年，科尔特斯回到西班牙，向国王敬献了这种由可可做成的神仙饮料，只是，考虑到西班牙人的饮食特点，聪明的科尔特斯用蜂蜜代替了树汁和胡椒粉。"这饮料真不错！"国王喝了连声叫好，并因此封科尔特斯为爵士。从那以后，可可饮料风靡了整个西班牙。

不久后，一位名叫拉思科的商人，因为经营可可饮料而发了大财。一天，拉思科在煮饮料时突发奇想：调制这种饮料，每次都要煮，实在太麻烦了！要是能将它做成固体食品，吃的时候取一小块，用水一冲就能吃，或者直接放入嘴里就能吃，那该多好啊！于是，拉思科开始了反复的试验。最终，他采用浓缩、烘干等办法，成功地生产出了固体状的可可饮料。由于可可饮

娇小美丽的可可花

刚刚结出的果实

几近成熟的核果

料是从墨西哥传来的，在墨西哥土语里，它叫"巧克拉托鲁"，因此，拉思科将他的固体状可可饮料叫作"巧克力特"。

西班牙人是很会保密的。他们严格保密可可饮料的配方，对巧克力特的配方也守口如瓶。直到200年以后的1763年，一位英国商人才成功地获得了配方，将巧克力特引进到英国。英国生产商根据本国人的口味，在原料里增加了牛奶和奶酪，于是，第二代巧克力——"奶油巧克力"诞生了。

当时的巧克力口感并不是很好，这是因为可可粉中含有油脂，无法与水、牛奶等融为一体，因此巧克力的口感很不爽滑。直到1829年，荷兰科学家万·豪顿发明了可可豆脱脂技术，才使巧克力的色香味臻于完美。经过脱脂处理后生产出来的巧克力，爽滑细腻，口感极佳，这就是我们现在所享用的第三代巧克力。

由于可可味道芬芳，富含碳水化合物、脂肪、蛋白质和矿物质，易于消化吸收，所以是极好的高能量食品，数百年来一直广受人们的喜爱，人们把可可树誉为"神粮树"，把可可饮料誉为"神仙饮料"。

📖**知识链接**

### 可 可

可可是瑞典植物学家林奈命名的，他根据印第安人对可可树的称呼，将其种名定为"cocoa"，我国所沿用的可可和巧克力名称，都是外来语的译音。现在，可可在非洲、亚洲和美洲的热带地区都有栽培。我国的可可种植区主要在海南、广西、云南南部和台湾等地。

# 甜菜制糖的历史

**科普档案** ●名称:甜菜　●分布:东北、华北、西北　●特征:根中含糖分,可生产砂糖

> 糖是我们日常生活不可缺少的营养物质,也是食品工业、饮料工业和医药工业的重要原料。制取蔗糖的最主要原料,除甘蔗外,还有甜菜。从甜菜中制取蔗糖被发明后,很快传播到世界各国,糖的产量大大增加。

　　糖是我们日常生活不可缺少的营养物质,也是食品工业、饮料工业和医药工业的重要原料。但你知道吗? 不同种类的糖有它们不同的来源。奶糖或乳糖是从奶中提取的;果糖是从水果中提取的;从蔬菜、谷物、土豆中提取的糖则称为葡萄糖。最普通的糖,就是我们平时吃的白糖,它属于蔗糖,除了来自甘蔗之外,甜菜也是制取蔗糖的主要原料。

　　甜菜是一种两年生草本植物,茎有 1~2 米高,叶长 5~20 厘米。它是由地中海沿岸的野生种演变而来的,经长时期人工选择,到公元 4 世纪已出现白甜菜和红甜菜。公元 8~12 世纪,甜菜在波斯和古阿拉伯已广为栽培,但当时人们种植甜菜主要是把它的根和叶作蔬菜用。最早发明用甜菜制糖的是 18 世纪时的德国化学家马格拉夫。

　　马格拉夫 1709 年生于柏林,他的父亲是普鲁士王朝的宫廷药师。马格拉夫受父亲的影响,自小喜欢研究药学、化学和冶金学。后来,他被选进皇家科学家院,并被指派为该院的化学实验室主任。当时,用来制糖的主要原料是甘蔗,而甘蔗只能生长于热带、亚热带地区,寒冷地区则不能种蔗制糖。马格拉夫决心

□德国化学家马格拉夫

□糖

在甘蔗之外的植物中提取砂糖。经过大量的化验分析,他于1747年从甜菜中提取出了一种结晶状物质,后来发现这种物质就是蔗糖。

马格拉夫的发现,给制糖业的发展带来重大突破。马格拉夫的学生阿哈德通过进一步的人工选择,于1786年在柏林近郊培育出块根肥大、根中含糖分较高的甜菜品种。这是栽培甜菜种中最重要的变种,也是世界上第一个糖用甜菜品种。1799年阿哈尔德发表论文,宣告可以用甜菜制糖。1802年,阿哈尔德建立了世界上第一个甜菜糖厂。

19世纪初,拿破仑对不列颠岛实行封锁,英国则从海上对欧洲大陆实行经济封锁,欧洲海上运输因之受阻,一些急需物资和食品如甘蔗糖等无法从海上运往欧洲大陆,拿破仑坚持要法国自己生产糖,即从甜菜中提取糖。1812年,拿破仑高兴地获悉一家工厂已经成功地从甜菜中提炼出糖。当天,拿破仑亲自到这家工厂视察,当即决定建立皇家作坊,并划出大片土地种植甜菜。此后,甜菜制糖业在欧洲迅速崛起和发展。与此同时,一位英国人发明了真空蒸发罐,把甜菜汁放进罐中,降低压力,可以使水分迅速蒸发。1830年,古巴人发明了连接三个蒸发罐的"三重效用罐"。其功能是:在第一个罐熬甜菜糖汁时,将第一个罐的蒸汽用于第二个罐加热,使糖汁的水分继续蒸发;再将这些蒸汽用于第三罐加热,使糖汁的水分再继续蒸发,于是便得到很浓的甜菜汁,冷却之后即成砂糖。但这种结晶仍混有水分,再经机械提取水分之后就成为白砂糖。

从甜菜中制取砂糖,是个了不起的发明,它很快得到欧洲各国的欢迎,并传播到世界许多国家。现在,全世界的糖产量已从18世纪的几万吨增长到今日的近亿吨。

📖 **知识链接**

### 甜 菜

现在世界上甜菜的栽培种有4个变种:糖用甜菜、叶用甜菜、根用甜菜、饲用甜菜。甜菜全身都是宝,除根用作生产蔗糖外,其叶是理想的多汁绿色饲料,除含有牲畜所需的一般营养物质外,还富含胡萝卜素,能补充饲料中的甲种维生素之不足,增加其乳制品中甲种维生素的含量。

# 葡萄酒的起源

**科普档案** ●**名称**:葡萄　●**分布**:亚洲、欧洲、北非　●**特征**:皮肉难分离、耐贮运

葡萄酒是用新鲜的葡萄或葡萄汁经发酵酿成的酒精饮料。葡萄酒的品种很多,因葡萄的栽培、葡萄酒生产工艺条件的不同,产品风格各不相同。

在当今琳琅满目的各种果品中,若论起谁的资历最老,那非葡萄莫属。据古生物学家考证,早在650多万年前,葡萄就已经生活在地球上了。有的学者认为,在2亿~3亿年前就有了类似葡萄的植物。可以说,葡萄是世界上最古老的植物之一。

葡萄原产于欧洲、西亚和北非一带,是落叶藤本植物,品种很多,全世界约有上千种,总体上可以分为酿酒葡萄和食用葡萄两大类,我们常吃的葡萄是它的果实。据考古资料,最早栽培葡萄的地区是小亚细亚里海和黑海之间及其南岸地区。大约在7000年以前,南高加索、中亚细亚、叙利亚、伊拉克等地区也开始了葡萄的栽培。葡萄适应性很强,耐旱、耐盐碱,不论平地、山地、沙滩均可栽培。此外,葡萄也是美化庭院环境的最主要树种。葡萄种植在我国也有2000多年的历史。大约在公元前100多年的西汉汉武帝时,葡萄由张骞从西域引进,最初在我国西北栽培,后来才传播到各地。开始人们只是把它当作水果食用,大约到东汉晚期才用来酿酒。但那时,葡萄的栽培还不普遍,葡萄酒是一种很珍贵的酒,据史书记载,东汉灵帝时有一个得宠的宦

□葡萄是世界上最古老的植物之一

官张让，因为扶风地方的孟伦送给他一斗葡萄酒，就将孟伦提升为凉州刺史。一直到唐代，尚有"葡萄美酒夜光杯"的佳句，可见葡萄酒仍被视作为佳酿美酒。历史学家认为，波斯（今伊朗）是最早酿造葡萄酒的国家，欧洲最早开始种植葡萄并进行葡萄酒酿造的国家是希腊。如今，葡萄酒已经成为世界上最畅销的饮品之一。在世界各国的葡萄酒中，以法国葡萄酒最为有名。

白兰地是一种驰名全球的烈性葡萄酒。其实，白兰地是法国一个城市的名字，在白兰地市郊 900 平

□香槟市街景

方公里的滨海土地上，是一望无际的葡萄园，农民世代以酿酒为生。1863年，白兰地市的甘密家族酿酒厂酿出高烈度葡萄酒，将酒精度从十几度提高到四十几度，正迎合了当时宫廷与豪门的需要，于是"甘密""拿破仑"等牌子从此步入上流社会，驰名全球。白兰地的出口港是北边的波尔多市。自14世纪以来，每年都有几百艘船满载美酒从波尔多出发，运往世界各地。

香槟是一种含有二氧化碳气体的葡萄酒。香槟其实也是一个地名，位于巴黎东部。在 100 公里长的马恩河谷的香槟地区，专门栽植特甜葡萄。法国政府规定，只有原料取自香槟地区，含酒精 11~13 度，富含糖质，味道芳香者，方准称为"香槟酒"。

现在,全世界 80% 的葡萄都用于酿酒。但是,随着人们保健意识的增强,消费观念的转变,越来越多的葡萄被酿成果汁,成为味美多效的营养保健饮品。研究发现,葡萄含糖量高达 10%~30%,以葡萄糖为主,能很快被人体吸收。当人体出现低血糖时,若及时饮用葡萄汁,可迅速使症状缓解;葡萄中含的类黄酮是一种强力抗氧化剂,可抗衰老;葡萄还含有一种抗癌微量元素——白藜芦醇,可以预防癌症,阻止癌细胞扩散。葡萄汁可以帮助器官移植手术患者减少排异反应,早日康复。近年,法国科学家研究发现,葡萄还能降低人体血清胆固醇水平,降低血小板的凝聚力,对预防心脑血管病有一定作用。

□ 葡萄果汁

## 知识链接

### 藤本植物

藤本植物是指那些地上部分不能直立生长,常借助茎蔓、吸盘、吸附根、卷须、钩刺等攀附他物生长的植物。依照其茎的结构,藤本植物可以分为木质藤本植物和草质藤本植物。葡萄是木质藤本植物的代表,我们常见的牵牛花则是典型的草质藤本植物。

# 棉花加工与纺织革命

**科普档案** ●名称:棉花　　●分布:亚热带　　●特征:产量多、生产成本低

棉花是纺织工业最重要的天然原料,最早产于亚洲的印度和南美的秘鲁,已有四五千年的种植历史。

"五月棉花秀,八月棉花干,花开天下暖,花落天下寒。"这首脍炙人口的民谣,道出了棉花的作用。棉花是从哪里来的? 它又是怎样被纺成纱、织成布的呢?

棉花是锦葵科棉属植物的种子纤维。植株呈灌木状,在热带地区栽培可长到 6 米高,一般为 1~2 米。棉花开花后不久会留下绿色小型的蒴果,称为棉铃。锦铃内有棉籽,棉籽上的茸毛从棉籽表皮长出,塞满棉铃内部。棉铃成熟时裂开,露出长约 2~4 厘米的纤维,这就是棉花。

棉花的"老家"在南美洲的秘鲁和亚洲的印度。早在四五千年前,当地人民就开始种植它了。棉花还有个雅号叫"绵羊果"。也许是因为它能结出一种白色绒毛像羊毛似的果实,而且暖融融也像羊毛一样,所以叫作"绵羊果"。公元前 2500 年,亚历山大东征到印度时,棉花随之传到欧洲。从此,欧洲人才开始认识并种植这种可以衣被天下的"绵羊果"树。欧洲人见它结出的果实有软绵绵、令人舒适的感觉,所以给它起名为"棉花"。

棉花在我国也有着悠久的历史。在距今约 4000 年前的夏禹时代,海南岛少数民族首领将棉花作为礼品供奉给

□棉花

中原君主夏禹,那时海南岛上的人们不仅能种植棉花,而且能用简单的方法制成粗布——幅布了。在秦汉时,中原统治者常常勒令海南少数民族进贡这种幅布。到了三国时,棉花种植已经遍及两广和福建等南方各省,唐宋以后,更是普及到长江中下游地区。纺织染色技术也都有了进一步提高。这时,有一个最值得人们称颂的女纺织改革家名垂青史,她就是江苏松江区的黄道婆。

黄道婆生于南宋末年,是松江乌泾镇(今上海闵行区华泾镇)人。她出身贫困,为生活所迫,十二三岁起就给人当童养媳。白天干活,晚上纺纱织布,担负着繁重的劳动。当时的纺车是脚踏的,很笨重,对于一个十二三岁的女孩来说,这活计无论如何也是十分繁重的。黄道婆的公婆对她不好,丈夫也打骂她。一次她被公婆、丈夫毒打后,锁进了柴房,她再也忍受不了这种非人的生活,决心逃出去寻找活路。半夜,她在墙上掏了一个洞,逃了出去,躲进一条停泊在黄浦江边的海船上,随船来到海南岛南端的崖州(今广东省海南黎族苗族自治州崖县)。

热情好客的黎族同胞十分同情黄道婆,不仅在生活上无微不至地照顾她,而且把他们的纺织技术毫无保留地传授给她。

在当时,云南和海南岛的兄弟民族已积累了一套棉花纺织加工技术,就纺车来看,已有直径在30~40厘米的小竹轮纺车,以适应棉纤维比丝麻纤维短的纺纱需要。岛上的黎族妇女几乎都会纺纱织布,她们织的彩色床单和围布尤为精美,经常远销内地,很受人们欢迎。

黄道婆看到黎族妇女的技术比自己家乡要先进得多,就虚心求学,并融合黎、汉两族人民纺织技术的特点,逐渐成为一个出色的纺织能手。

□黄道婆

二三十年的时光过去了,黄道婆由少女变成了中年妇女,她思乡之情日深。在 1295 年间, 她终于带着黎族人民的深情厚谊和先进的纺织技术回到了阔别已久的乌泥泾。这时候,元王朝的统治者重税勒索,要长江流域的江苏、浙江、江西等棉花种植区每年交纳 10 万匹棉布,江南人民的苦难更加深重。黄道婆带回的纺织先进工具和技术,使这里的棉纺织业发生了一场重大的变革。

乌泥泾的妇女在黄道婆的热情指导下,学会了织被、褥、带、幔等棉织品,在这些棉织品上缀有折枝、团凤、棋局、字样等各种美丽的图案,鲜艳夺目,栩栩如生。附近上海、松江、青浦、太仓、苏杭等县竞相仿效,产品远销各地,备受欢迎,特别是她们织的被更是质量精美,被人们誉为"乌泥泾被"而驰名全国。松江一带因之而成为全国棉织业的中心,历经几百年而不衰。十八、十九世纪松江布更是远销欧、美,获得很高的声誉。人们称颂"松郡棉衣、衣被天下"。

翻开中国古代的纺织工艺技术史,纺织革新家黄道婆对改革棉纺织业的功绩应占一席之地。她去世后,家乡的人民为她举行公葬,还在镇上替她修了祠堂——先棉祠,表达劳动人民对她的怀念和敬佩。

📕 **知识链接**

### 棉花花朵的变色本领

棉花的花朵会变色,早晨是白色的,不久后会变成黄色,到下午会变成粉红色。第二天,会变得更红或是变成紫色,最后会变成灰褐色,然后脱落。棉花花瓣的这种变色本领是因为它的花瓣里含有各种各样的色素,随着太阳光的照射和温度的变化,色素也跟着发生变化。某一阶段时哪一种色素表现的条件最成熟,花瓣就显示出这一种颜色。

# 花中之王玫瑰

**科普档案** ●名称:玫瑰 ●分布:华北、西北和西南 ●特征:花朵可用于食品中及提炼玫瑰油

> 玫瑰被誉为"花中皇后",平均一万公斤玫瑰鲜花瓣能提炼三四公斤的玫瑰精油,因此,玫瑰精油是世界上最昂贵的精油,素有"液体黄金"之称。

在蔷薇科植物中,有三种著名的花卉,那就是被称为三朵姐妹花的玫瑰、月季和蔷薇。古今中外,人们常常在诗歌、散文中赞美这三朵姐妹花。论高贵要数月季,论飘逸潇洒应属蔷薇,但论起香气、历史和名声来,则还得数素有"花中之王"美誉的玫瑰。

玫瑰是世界上最古老的栽培花卉之一。在欧洲从古巴比伦时代就已经开始栽培玫瑰了。在罗马时代经常作为祭祀用品。但是,在 17 世纪以前,欧洲栽培的玫瑰都是由小亚细亚以西原产的原种改良培育而成的,大部分栽培品种都是一年一次开花性、重瓣、不耐寒、花色单调、无香味。17 世纪末,亚洲的中国月季、香水月季、野蔷薇、光叶蔷薇、野玫瑰等原种相继传入法国,通过与当地的玫瑰进行反复杂交,于 1837 年培育出了具有芳香、四季开花性的杂交品系。

关于玫瑰,有许多传说。欧洲人说,玫瑰是与爱神维纳斯同时诞生的。基督教传说,耶稣被钉在十字架上的时候,鲜血滴到地上,于是地上长出了一朵红色的玫瑰花。回教传说,穆罕默德的汗水洒在地上,变成了稻谷和玫瑰花。现在,玫瑰

□玫瑰

被人们看作是圣洁、完美、幸福和纯真爱情的象征。英国人和美国人往往习惯把玫瑰花作为馈赠礼物，情人们更以互赠玫瑰表达爱情。

虽然玫瑰常被看作是"爱情之花"

□ 身着民族服装的保加利亚姑娘在玫瑰谷的玫瑰节上抛撒花瓣

和"友谊之花"，但在 15 世纪时，英国却发生过一场长达 30 多年的以"玫瑰"为名的战争。当时，互相敌对的约克家族和兰加斯特家族为了争夺王位彼此攻杀，兰加斯特家族以红玫瑰为徽章，约克家族则以白玫瑰为标志，因此这场长期的流血战争在历史上被叫作"玫瑰战争"。后来两个家族和好了，合为一个家族而主持王位，便以红玫瑰作为王室的标记。从那以后，红玫瑰一直是英格兰王室的标记，而英国的国花，也正是从王室所用的图案标记而来的。除了英国外，把玫瑰作为国花的还有美国、西班牙、卢森堡、保加利亚、伊朗、伊拉克、叙利亚等国家。

保加利亚是誉满天下的"玫瑰之国"，每年六月初的第一个星期日为传统民族节日——玫瑰节，人们到玫瑰谷举行盛大的庆祝活动。他们认为绚丽、芬芳、雅洁的玫瑰花象征着保加利亚人民的勤劳、智慧和酷爱大自然的精神。玫瑰遍身芒刺是保加利亚人民在奥斯曼帝国、德国法西斯面前英勇不屈与坚韧不拔的化身。

玫瑰除供观赏外，还有极高的经济价值，其花朵可用于提炼玫瑰油。说起玫瑰油，还有一个有趣的故事呢！早在 1612 年，波斯莫卧儿皇帝杰流·高尔同玛赫尔公主结婚时，为了讲排场，曾令人在宫廷的花园里挖筑一条别致的小水渠灌满香气扑鼻的玫瑰花泡制的香水，以取悦赴宴的各国宾客。婚后的第二天，皇帝和皇后来到花园里，沿着渠边漫步。走着，走着，渐渐觉得水里散发的香气沁人心脾，越来越浓郁。突然新娘发现玫瑰水面上，有一颗晶莹透亮的大水珠，她弯下腰来观赏，顿时觉得香气熏人。皇帝亲自将其舀进瓶子里，带到房中，一连几个月，房间里香气弥漫袭人。原来，这是一颗由玫瑰水凝结而成的玫瑰油珠。从此，皇

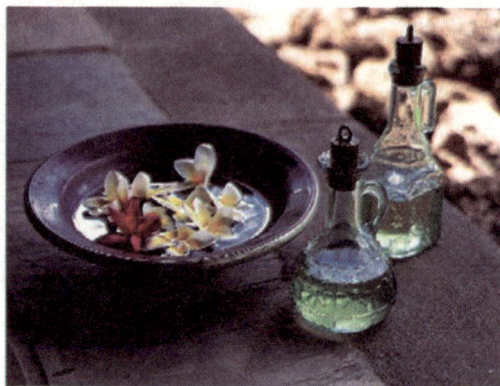

□玫瑰油的提炼非常不易

帝请来工匠，为皇后收集玫瑰珠，作为化妆品。在实践中，工匠掌握了从玫瑰水里提炼玫瑰油的工艺。皇后则使用玫瑰油作为邦交的馈赠。从此，玫瑰油传遍世界各地。

玫瑰油的提炼非常不易，每一万公斤玫瑰鲜花才能提炼三四公斤的玫瑰精油。玫瑰花的采摘也非常讲究，一般采摘半开放的花朵，因其含油率最高。采摘时间通常在清晨至上午十点以前，下午的含油量低，阴天比晴天的产油量高。而且玫瑰花的香味浓郁甜醇，柔和持久，因此市场价格十分昂贵。500 克玫瑰精油大约值 750 克黄金，可说是贵比黄金，故玫瑰又有"金花"之称。

📕 **知识链接**

### 玫瑰、月季和蔷薇

由于长期杂交育种的结果，玫瑰、月季和蔷薇形成了"你中有我，我中有你"的纷繁品系，不容易区分。在英语中，玫瑰、月季和蔷薇名称相同。在我国，人们习惯把花朵直径大、单生的品种称为月季，小朵丛生的称为蔷薇，可提炼香精的称玫瑰。

# 植物未来猜想

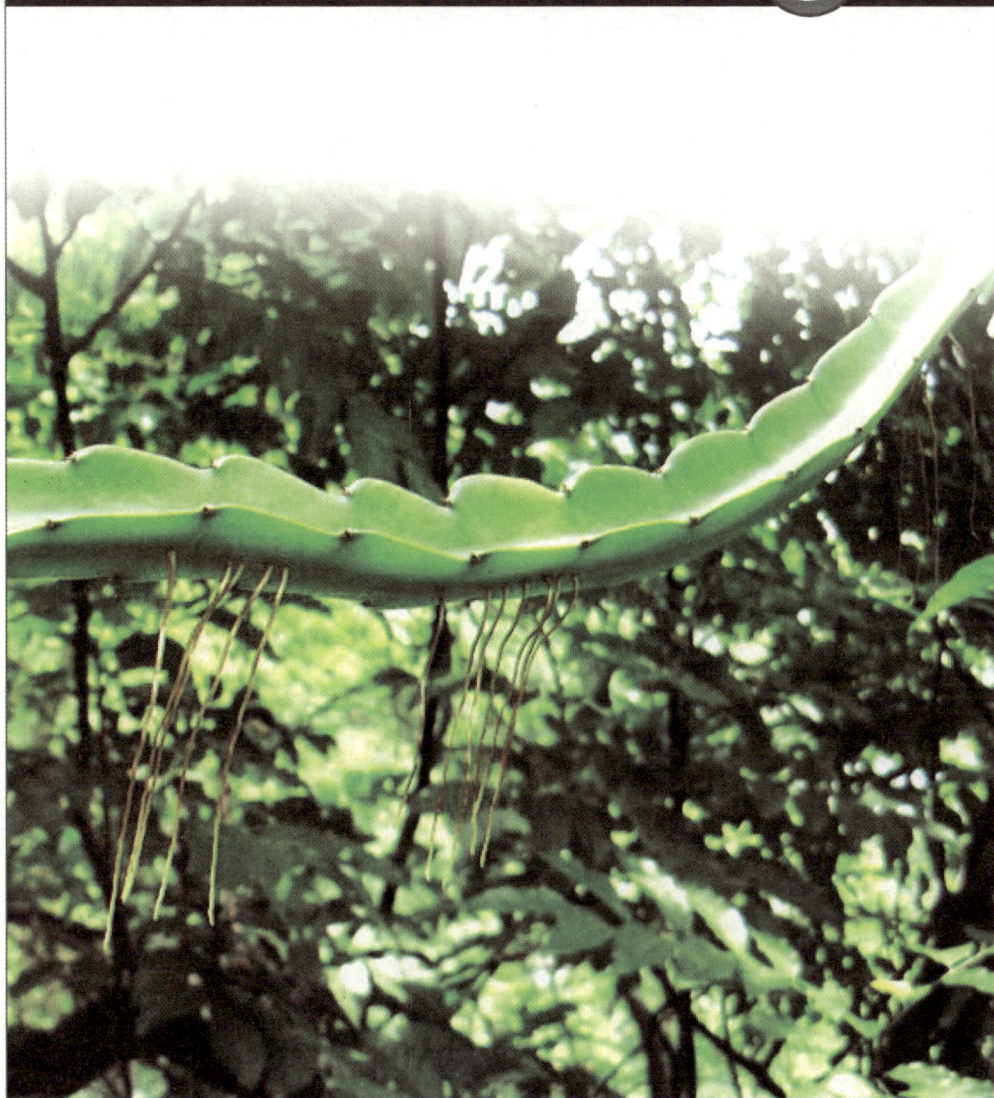

# 神奇的人工种子

**科普档案** ●**名称:**人工种子　　　●**优点:**不受季节限制,方便贮藏和运输

人工种子是一种人工制造的代替天然种子的颗粒体,可以直接播种于田间。人工种子在快速繁殖苗木和人工造林方面,具有很广的应用前景。

自古以来,农业生产需要花费大量的种子。特别是有些植物不结种子,或者种子昂贵,要得到快速繁殖,就受到极大的限制。为了解决大量繁殖种子的难题,科学家们进行了刻苦的研究,终于研制成功了人工种子。

人工种子又称人造种子,这是细胞工程中最年轻的一项新兴技术。这项技术从理论的提出到实施经历了相当长的历史。1902年,德国植物学家哈勃兰特根据细胞学说的理论,大胆预言植物身体上的每一个细胞在脱离母体后,只要给它合适的生活条件,都将能发育成跟原来植物体一模一样的植株。经过许许多多科学家的努力,1958年,美国植物学家用液体悬浮培养法培养胡萝卜的体细胞,得到胚状体,它是具有分裂能力的细胞团,胚状体进而发育成了完整植株,并能开花结果,使得哈勃兰特的预言变成了现实。

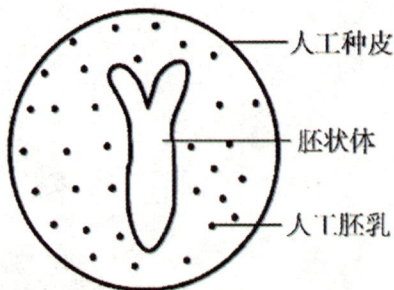

1978年,英国科学家穆拉希吉在加拿大召开的第4届国际植物组织、细胞培养会议上提出了"人工种子"的概念。他认为利用体细胞胚发生的特征,把它包埋在胶囊中,可以具有种子的性能并直接在田间播种。

人工种子的概念一经提出,立刻吸

人工种皮 —
胚状体 —
人工胚乳 —

□人工种子的结构

引了不少生物学家的注意。首先掌握人造种子技术的是美国人。经多年培育后，美国科学家生产出了又大又嫩的杂种芹菜。遗憾的是这种芹菜好吃不好种，不但种子小、发芽慢，连杂交种子的获得也十分困难，因此种子价格极高。为解决这个问题，研究人员先把芹菜幼苗的嫩茎切成极小的碎片，使之在特定条件下诱发形成有生根发芽能力的胚状体，然后再用一种聚合物包裹作为人造种皮，做成了一种像小鱼肝油丸一样的胶囊种子。

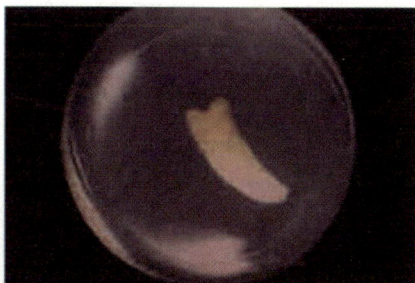

□神奇的人工种子

继美国之后，日本、加拿大、芬兰、印度、韩国等国家也开展了人工种子研究工作。参与欧洲尤里卡计划的法国、瑞士、西班牙等国也制成了胡萝卜、甜菜、苜蓿等植物的人工种子。我国继 1988 年在国际上首次研制成功水稻人工种子后，近年来又研制成了旱芹、杂交水稻等许多种作物的人工种子，并培育出一批性状稳定的种苗。

目前，人工种子制作技术已经拥有了良好的基础，但除了水稻、生菜等少数几种能较大面积在田间播种以外，大多数仍只是停留于实验室中的工作。一旦要求这一技术由实验室向商业化生产转化，还有不少问题未得到解决。尽管如此，世界各国都对其投入了很大的科研力量，原因不仅仅是因为通过这一技术可以实现种子的工业化生产、节约粮食，它至少还有如下几方面的价值：其一是利用很小一点植物组织，就能培养产生大量的胚状体，在苗木的快速繁殖、去病菌培养等方面具有很大的开发价值；其二，这一技术实际上是作物的无性繁殖，可用于固定杂种优势，强优势组合一经获得，便可多年利用，而不必通过诸如"三系配套"等复杂程序生产杂交种；第三，这一技术不仅证实了细胞具有再生植株的"全能性"，而且对研究细胞生长、分化过程中的遗传、生理、生化和代谢无疑有着重要意义。

□大兴安岭的万亩人工种子园

　　人们普遍认为，人工种子是十分理想的快速繁殖新方法，它的应用预示着农业繁殖体系的一场革命，在这方面加紧研究带来的突破已为时不远了。

📕 **知识链接**

### 人工种子技术的三大难题

人工种子技术目前主要有三大难题有待克服：首先是许多重要植物还不能培养出大量的高质量的体细胞胚。其次，现有的人工胚乳和种皮还不够理想，不能有效地防止微生物的腐蚀。此外，人工种子的自动化生产、机械包裹以及贮藏技术还有待进一步完善。

# 未来的转基因蔬菜

**科普档案** ●名称：转基因蔬菜　　●优点：抗病、抗虫、抗除草剂、抗逆、高品质

　　转基因蔬菜的品质及抗病虫害能力都较传统蔬菜更高，可以预言，在不久的将来，应用基因工程技术，将会使餐桌上的食物更加丰富多彩。一些具有药用价值的转基因蔬菜甚至可能出现在医生的处方单上。

　　生物都是由细胞组成的，在细胞核里有一种遗传物质叫脱氧核糖核酸，它是由两条螺旋形的长链组成的，长链的一小片段，便是遗传基本单位基因，基因上贮藏有遗传信息，因此生物的性状遗传是由基因决定的。科学家将基因从一种生物的细胞中取出，在体外进行重新组合后，再转移到另一种生物的活细胞中，即可创造出新的生物类型或培育出新品种，这就是转基因技术。人们利用转基因技术培育成的蔬菜新品种，被称为转基因蔬菜。

　　目前，世界上约有3.5亿人感染乙型肝炎，而通常的防治方法是采用混合疫苗接种。但是，这种方法成本高，培养并提纯疫苗费时费力。为此，德国的研究人员从实用角度考虑，选择了种植简单、贮存方便的胡萝卜作为载体，将乙肝病毒的表面蛋白基因注入胡萝卜基因，同时通过一种催化剂提高胡萝卜基因中乙肝病毒蛋白的浓度。研究人员介绍，这种转基因胡萝卜外表与普通胡萝卜没有差异，只是在成熟之前需利用一种荷尔蒙激活

□转基因蔬菜

□转基因西红柿

其基因,使其释放出更大量的肝炎疫苗成分。

转基因西红柿是全球第一种允许上市的转基因蔬菜。早在1994年,美国就批准一种转基因西红柿上市,这种西红柿的皮比较厚,便于人们运输和储藏。后来又有人培育出具有一定抗癌功能的转基因西红柿。最近,以色列研究人员培育出一种能散发柠檬香味和玫瑰芳香的转基因西红柿。这种转基因西红柿的挥发性萜类化合物含量很高。挥发性萜类化合物具有杀虫、抗菌等特性,所以,转基因西红柿的保存期更长,无须杀虫剂也能快速生长。研究小组认为,像西红柿一样能产生类胡萝卜素的其他农作物和花卉,也能通过转基因技术改变气味和口感。

以色列研发成功可在冬季生长的转基因辣椒,这种辣椒可在0~10℃的低温条件下顺利生长,而一般品种需要在20℃以上才可正常生长。这类新培育的辣椒有多种颜色、生长季长、果实坚硬抗挤压,而且还具有抵抗植物病毒的特性,这一系列转基因辣椒品种是由罗伯特史密斯植物科学研究所和希伯来大学共同研发的。广东省农科院和华南农业大学的科技人员培育出一批可抗青枯病的转基因辣椒株,可有效地减少病害,提高辣椒产量,减少农药对环境的污染。青枯病有"辣椒杀手"之称,是热带、亚热带地区最严重的蔬菜病害。

日本培育成功一种转基因生菜,其含铁量要比一般生菜高出将近一倍。这种转基因生菜是把大豆的铁蛋白基因植入生菜细胞中而培育出的,因而增强了生菜中铁质的含量,比一般生菜品种高出约一倍。按照全部铁质被人体吸收计算,成年人每天只要吃半棵这种生菜,就可满足生理需要。

人们一直对无籽果实比较感兴趣,这是因为籽往往坚硬且味道不佳,而且无籽果实由于原来长种子的地方现在被果肉组织填充了,消费者用同样的钱就可以买到更多可食用的果肉。因此,农业上对培养无籽果实很有兴趣。意大利研究人员将一个能够提高植物激素吲哚乙酸含量的基因转移到茄子中,培养出无籽茄子。从经济角度看,这种转基因茄子与传统茄子品种相比主要有三大优势:其总体产量比传统品种提高了30%以上,其培育成本与以往的无籽果实相比大大降低,转基因茄子在正常条件下不适于果实生产的相对低温条件下也可生产。

不久前,美国科学家把人的基因转移给植物,获得了杂交体。因此,我们完全可以预言,在不久的将来,用基因工程技术,将人的泌乳基因转移给西红柿,将牛的基因转移给马铃薯,将鸡的基因转移给黄瓜,就有可能增育出有人乳营养成分的西红柿、有牛肉味的马铃薯、有鸡肉味的黄瓜等许多新奇的蔬菜,未来餐桌上的食物将丰富多彩。此外,不少科学家预测,将来会有一些具有药用价值的转基因蔬菜出现在医生的处方单上。

📖 **知识链接**

### 转基因技术

将人工分离和修饰过的基因导入到生物体基因组中,由于导入基因的表达,引起生物体性状可遗传的修饰,这一技术称之为转基因技术。人们常说的"遗传工程""基因工程""遗传转化"均为转基因的同义词。尽管转基因农作物的安全性还没有得到完全的认可,但是科学家们还在不断地展开新的研究,2006年全球转基因农作物种植面积已经突破一亿公顷。

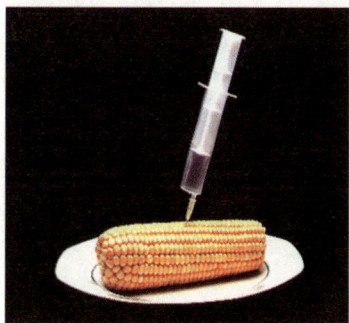

# 植物的血型

**科普档案** ●**名称**:植物血型 ●**概念**:植物体液,是带糖基的蛋白质或多糖链,或称凝集素

植物同人类和动物一样,也有自己的血型,但对植物血型的探索,目前还只是刚刚拉开帷幕,尚待科学家们去进一步研究和探索。

大家都知道,在人体的血管里流动着鲜红的血液,它将养料和氧气运送到身体的各个器官,将新陈代谢所产生的废物送到排泄器官,然后再排出体外,这样才维持了人的生命。血液有不同的类型,科学家称之为"血型"。科学家们通过研究证实,不仅人类有血型,动物也有不同的血型,例如:类人猿、猴子的血型与人类相同,也有 A 型、B 型、AB 型和 O 型 4 种血型。最使人感到惊奇的是,植物也有血型。这是科学上的一个新发现,也是有关科研项目的一个新课题。

人们发现植物有血型实属偶然。一天,有个名叫大岛川冈的人驱车经

□植物也有血型

过千叶县城郊时，不慎撞伤了一名儿童。几天之后，警察追踪到他的车。经检验，汽车的前轮上不仅粘有那名儿童的 O 型血，而且还带有 B 型、AB 型两种血迹。于是，警局指控大岛川冈撞过 3 个人。但面对证据，大岛川冈只承认撞伤过一名儿童，对另两项指控坚

□草莓的血型为 O 型

决予以否认。另一方面，警方也不能提供确凿证据，法院山本茂一时难以裁决。与此案相隔不久，一名妇女夜间死于床头。法医山本茂化验她的血迹为 O 型，而枕头上的血型却是 AB 型，于是被疑为他杀。除此之外，并无凶手作案的任何证据。这时有人半开玩笑地说："莫非枕头内的荞麦皮属 AB 型？"谁知这个谜一般的提示，给了一筹莫展中的山本茂极大的启迪。他决定取荞麦皮进行化验，最后发现荞麦皮果真属 AB 型，这使山本茂如获至宝，欣喜若狂。他立即对大岛川冈的汽车重新取样验证，结果发现车轮上的 3 种血型中，有两种属于植物。至此，撞人案才水落石出。这一发现，引起了山本茂的浓厚兴趣，他又对 150 余种蔬菜、水果和 500 多种植物的种子分别进行了化验，结果有 19 种植物和 60 种植物的种子显现出了血型。在这显现出血型的 79 种植物中，半数为 O 型，其余的为 B 型和 AB 型。山本茂通过对大量植物的血型研究，在世界上首次宣布：植物也有血型。

山本茂的发现，引起了科学家的重视，不少学者对植物的血型进行了研究和探索。现已知道，山茶、葡萄、山械、芜菁等植物为 O 型；桃叶珊瑚等植物为 A 型；扶芳藤、大黄杨等是 B 型；荞麦、李子、地棉械为 AB 型。更有趣的是，人们还发现，同一种植物可以有不同血型，例如，械科植物有 O 型和 AB 型两种血型。当叶片是黄色时，血型为 AB 型；而到秋天枫叶红了的时候，其血型又为 O 型。

植物本无血液，何以有血型之分呢？根据现代分子生物学的基础理论可知，人类血型指的是血液中红细胞细胞膜表面分子结构的类型。而植物

体内相应存在一类带有糖基的蛋白质或多糖链,或称凝集素。有的植物的糖基恰好同人体内的血型糖基相似。如果以人体抗血清鉴定血型的反应,植物体内的糖基也会跟人体抗血清发生反应,从而显示出植物体糖基有相似于人的血型。为了弄清血型植物的基本作用,科学家对植物界作了深入研究后得出的结论是:如果植物糖基合成达到一定的长度,在它的尖端就会形成血型物质,然后合成就停止了。血型物质的黏性大,似乎还担负着保护植物体的作用。

最近,对植物血型的研究又取得了新突破,法国科学家克洛德波亚德发现,在玉米、油菜、烟草等植物体中,含有类似人体的血红蛋白的基因。这表明植物也有造血功能,如果加入铁离子,就可以制造出人体需要的血红蛋白。血红蛋白是血液的重要组成部分,它容易与氧结合和分离,所以具有输氧功能。因此,如果这项试验获得成功的话,那将会出现一个惊人的奇迹——人们将能够利用植物来制造人体所需的血液。这种新型的植物血液,不仅不会因血型不同而出现免疫系统的排异问题,更不会传染艾滋病、肝炎等疾病给输血者。因此,新型的植物血液具有美妙的前景。

📕 **知识链接**

### 研究植物血型的目的

对植物血型的探索,目前还只是刚刚拉开帷幕,尚待科学家们去进一步研究和探索。科学家研究植物血型的最终目标,就是要让植物为人类提供血源,使自然界繁茂的植物成为浩瀚的天然血库。随着科学技术的进步,我们深信新型植物血液造福人类已经为期不远了,到那时,人们再不必为血液库存量不足而发愁了。

# 廉价新能源发电植物

**科普档案** ●名称:象草　●分布:热带、亚热带　●特征:生长快,可燃性好

植物发电不仅可以为电力工业提供清洁、廉价的新能源,而且能减少二氧化碳的排放量,降低环境污染。

植物是一种最古老的能源,它伴随人类走过了几十万年。然而,现在人们用石化燃料代替了植物,不少国家的农民把收割粮食后剩下的秸秆"烧荒"。这是很可惜的,因为这不但会浪费能源,还会增加二氧化碳的排放量,污染环境。现在,不少国家开始开发利用植物能源的新方式。

英国的人口只占世界人口的1%,但是二氧化碳等温室气体的排放量却占世界总量的3%。因此,英国政府近年来在国际上承诺要投资650万英镑建一家"草电站"。草电站发电的主要原料是生长在当地大量的象草。象草因为大象爱吃而得名,是热带、亚热带地区多年生草本植物,这种草生长比较快,植株可高达3~5米,可燃性好,却没有多少实际用途,用于发电算是"变废为宝"。草电站建成后将24小时运行,每小时可减少1吨二氧化碳排放量,这样一年就可以减少8000吨左右的二氧化碳排放量。

为什么用草发电就可以减少二氧化碳的排放量呢?这实际上是和火力发电相比较而言的。英国的火力发电站是排放二氧化碳的主要源头,英国大约有三分之一的二氧化碳来自火

□植物发电

力发电站。由于象草生长比较快,可以大量吸收二氧化碳。而采用象草发电后,排出的二氧化碳可以被附近生长的象草及时地吸收,二氧化碳的排出量会小于象草的吸收量,这样发电站就不会产生多余的二氧化碳。

法国科学家目前也正在研究用绿色植物发电。他们发现,广大地中海地区盛产各类常年生有刺茎的菊科植物,这些野生植物往往可以长到3米多高。它们不但生长期短,而且可以割后再生。经法国、西班牙等国研究证实,这些植物产生的能源远远高于它们生长所消耗的能源,完全可以作为新能源得到大力开发。因为单纯靠野生菊科植物还不能满足发电的需要,所以法国正在加紧可行性研究,以便尽快大规模人工种植这类植物,为电力工业提供清洁、廉价的新能源。

在美国,科学家们正在考虑将农作物与煤以1:1的比例混合来发电。这项技术适应一部分现有的发电站,而另一部分发电站只需做一些改变就可利用此技术。在农作物的选择上,科学家们倾向于杂交后的芒草。这种芒草产自日本的高纬度地区,其树叶是银色的,有点像羽毛。虽然芒草的产量平均只有每公顷12吨,但科研人员认为,这样依然很有推广价值。因为从能源的角度讲,这样的产量相当于36桶原油,以每桶原油60美元计算,1公顷的产值相当于2160美元。

□盆栽植物点亮台灯

近年来,我国在植物发电方面也取得了突破。上了国家首批外来入侵物种"黑名单"的植物大米草有望变废为宝,提供高度清洁的物质能源。

大米草是美国的互花米草与欧洲米草的杂交种,1963年被我国成功引进,我国南起广东、北至辽宁的100多个县市的沿海滩涂上均有生长。大米草具有耐盐碱、耐淹、根系发达等特点,最初对保滩护岸、促淤造陆起到了重要作用,被称为"先锋植物"。不过,大米草在全球范围内迅速蔓延,造成了生态失衡、航道阻塞,让人类无法控制,成了有名的外来入侵物种,在我国现已超过 5000 万亩。作为"功臣"引入我国的大米草一旦发展成草害就难以根除,人工刀砍、挖掘、火烧、除草剂等办法都收效甚微,大米草每年都以五六倍的速度自然繁殖扩散,每平方米可生长 150~2640 株。大米草草场一般每公顷年产鲜草 15~30 吨。实验表明,每 0.5 公斤大米草可产生 1 立方米的可燃气,每 2 立方米可燃气能发电 1 千瓦时。这样,全国 5000 万亩的大米草可气化发电 500 亿~750 亿千瓦时。

除了用象草、芒草、大米草等植物外,其他晒干的植物也可以用于发电。在瑞典首都斯德哥尔摩,一家从事废物回收的公司设有 7 处园艺垃圾回收场。在树木生长迅速的春季和夏季,有自己花园的居民几乎每星期都会割草、剪枝,而产生的垃圾按规定必须送到这些园艺垃圾回收场去。当垃圾堆放得像小山那样高时,公司就会派大卡车来,一车车地把草木、树枝送到工厂里去。在那里滤掉沙土后,大的枝干会成为造纸厂的原料,含木质多的枝叶晾干后送到发电厂,经高温燃烧后产生的热量可以为当地居民供暖。

### 知识链接

## 电 树

在印度,有一种非常奇特的树。如果人们不小心碰到它的枝条,立刻就会产生像触电一样的难受感觉。原来,这种树有发电和蓄电的本领。有人推测,这可能与太阳光的照射有关。这种"电树"引起一些植物学家和生物学家的注意。如果它发电和蓄电的秘密被揭开的话,也许我们可以按照它的发电原理,制造出一种新型的发电机来。

# 环保新能源石油植物

**科普档案** ●名称:苦配巴树　●分布:巴西　●特征:含有油状树液,成分接近柴油

> 随着石油等非再生性矿物资源的不断枯竭,人们把注意力转向可再生的资源——森林,正在加快开发"石油人工林"或"能源植物林",生物石油的开发利用已成为当今全球的一大热点。

随着石油等非再生性矿物资源的不断枯竭,液体燃料短缺将是困扰人类发展的大问题。在寻找新能源的过程中,科学家们欣喜地发现了"石油植物"。

所谓"石油植物",是指那些可以直接生产工业用燃料油,或经发酵加工可生产燃料油的植物的总称。现已发现大量可直接生产燃料油的植物,这些"石油植物"能产生低分子氢化合物,加工后可合成汽油或柴油的代用品。

早在1928年,美国科学家在研究橡胶树时,就发现好几种植物的液汁中含有碳氢化合物。从这些植物的树皮、树干、树根、树叶和果实中流出的液体,都可以燃烧。有些植物的液汁,在科学家研究它们之前,当地的老百姓就将它们用来当燃料了。可惜的是,当时还未发生能源危机,人们对用植物生产燃油的兴趣并不大,所以没有引起重视。1973年以后,由于能源危机的出现,促使科学家重视"石油植物"的研究。美国

□美国石油草

加利福尼亚大学教授卡尔文就为此而跑遍了世界各地，企图找到"石油树"。他的功夫没有白费，在巴西，卡尔文找到一种叫"苦配巴"的树。这种树是一种乔木，可长至30米高、1米粗。在树干上钻一个直径5厘米的孔，就

□贵州南部的"柴油树"

可以流出一种油状树液，成分接近柴油。两三小时流出的"油"可达一二升。这种树液不必加工，就可以当燃料用。

经过许多科学家的寻找，类似的植物不断找到。如美国有一种杏槐，它的胶汁经过简单加工，可以成为一种燃料油。有人发现，12种大戟科植物，都可生长出类似石油的燃油。如产在北美、西欧、非洲的含油大戟，是一种灌木，高约1.5~2米，它的胶汁状树液可以制成类似石油的燃料。

巴西亚马孙流域的热带森林中，生长着一种油棕榈树，果实可生产燃油。泰国南洋油桐树的树籽也可提取燃油。我国海南岛尖锋岭、吊罗山等地的热带森林中，有一种油楠树，这种乔木和"苦配巴"树类似，也可产柴油。一棵树一年可收获多达50公斤的柴油。有一种含油桉树，树叶用水蒸气蒸馏，可以得到桉油，这种油与汽油类似，热值可达9400千卡。

我国陕西还有一种白乳木，它也会流出一种白色的油，可以用来点灯和做润滑油。南美有一种叫绿玉树，树皮可流出血色液汁，可直接燃烧，因为像牛奶，所以又称"牛奶树"。墨西哥、美国和以色列等地，还生长一种叫霍霍巴的灌木，它的籽实含有百分之五十的液体蜡，也可以作燃料。菲律宾

有一种汉加树,果实含有 50% 的酒精。

科学家还对有些已发现的含油树,进行了引种,而且取得了可喜的成效。如美国曾引种了"苦配巴"树,在加利福尼亚州建立了种植试验场。结果,100 棵"苦配巴"树一年能生产一二十桶柴油。日本也开始在冲绳岛引种"苦配巴"树,以期用它的柴油来开动货车。科学家还试种了含油大戟,结果 1 公顷含油大戟,一年至少可以收取 25 桶"石油"。据说,经过改良品种后,1 公顷含油大戟年产油量可增至 325 桶。巴西栽种的油棕榈树,3 年开始结果,每公顷油棕榈树果实可产油 10000 公斤。

石油植物作为未来的一种新能源,与其他能源相比,具有许多优点。首先,石油植物是新一代的绿色洁净能源,在当今全世界环境污染严重的情况下,应用它对保护环境十分有利。其次,石油植物分布面积广,若能因地制宜地进行种植,便能就地取木成油,不需勘探、钻井、采矿,也减少了长途运输,成本低廉,易于普及推广。另外,植物能源使用起来要比核电等能源安全得多,不会发生爆炸、泄漏等安全事故。正是因为具有这样的优势,所以说,植物能源是目前具有最光明前景的领域。

📕 **知识链接**

### 开发石油植物的作用

石油是不可再生的能源,它的枯竭是不可避免的。所以许多国家都在进行替代能源的研究,而开发石油植物,正好可以加强世界各国在能源方面的独立性,减少对石油市场的依赖,可以在保障能源供应、稳定经济发展方面发挥积极作用。

# 宇宙植物小球藻

**科普档案** ●名称：小球藻 ●分布：淡水水域 ●特征：繁殖能力旺盛，光合能力超强

小球藻身体小而轻，繁殖迅速，既能提供食物，又能提供氧气，是在飞船中栽种的最理想植物。

随着宇航技术的飞速发展，人类进行星际旅行的时代很快就会到来。可是，要进行遥远的太空旅行，就必须由宇宙飞船自己制造食物和氧气。这就需要在飞船中栽种植物。能在飞船中栽种的植物必须是身体小而轻，繁殖迅速，既能提供食物，又能提供氧气。科学工作者经过研究发现，小球藻是充当这个角色最理想的植物。

小球藻是一种微小的绿藻，它的外形多为球状，少数为椭圆形。小球藻的生命力很强，在大地回春万物生长的季节里，池塘、小溪中的水也在悄悄变绿，这是因为水中的各种藻类也苏醒过来，开始繁殖生长的缘故。在众多的

□小球藻是在飞船中栽种的理想植物

藻类植物中，要数螺旋藻和小球藻的营养价值最高。据测定，小球藻的蛋白质含量约为50%~55%，脂肪含量为10%~30‰，碳水化合物含量为10%~25%，虽然蛋白质含量稍低于螺旋藻，但后两项含

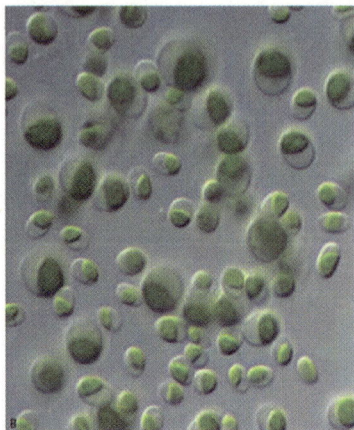

□小球藻

量均高于螺旋藻。经计算，小球藻的营养价值相当于鸡蛋的5倍、花生米的2倍，被人们誉为"水中猪肉"。另外，小球藻还含有丰富的维生素，如维生素A、维生素B、维生素C等，都比一般蔬菜的含量高。小球藻中维生素C的含量为柑橘的2倍，更可贵的是，它还含有一般食物中所缺少的维生素B12。它含有的糖类中，有葡萄糖和果糖，很适合做人类的食品。早在第一次世界大战期间，德国为了解决粮食的短缺，就曾将小球藻作为新的食物来源加以研究和开发。第二次世界大战中，美国又利用小球藻作为航空食品，因为它具有航空食品所要求的重量轻、营养价值高的特点；第二次世界大战结束后，美国进行了小球藻的大面积培养，想用它来代替粮食。

现代科学研究发现，小球藻营养价值大大超过鸡蛋、牛肉和大豆等高蛋白食物，用小球藻作食物对宇航员来说，是再好不过的了。除了营养价值极高以外，小球藻用作宇航食品还有其独特的优势。小球藻的光合作用十分强烈，它的光合效率超过陆生植物的10倍。我们知道，植物在光合作用中吸收二氧化碳、放出氧气。有人计算过，1克小球藻在1天当中，可以放出1~1.5克氧气。这样，小球藻在光合作用中放出的大量氧气，就能充分供应宇航员呼吸的需要，而宇航员呼出的二氧化碳，又能很快地被它的光合作用所利用。所以小球藻不仅是宇航员的理想食物，还是飞船中的"空气净化器"，而且这种活的"空气净化器"可以循环使用。

小球藻的繁殖能力也非常强。人们发现，它主要是靠分身法产生孢子

来繁殖后代。一个小球藻，可以一分为二，然后是两个变四个，四个变八个，如果环境优越，1个小球藻的细胞内，可分出8~16个孢子。这些小小的孢子，长得很像它们的"母亲"。以后，孢子们慢慢长大，挣破母亲的肚皮，一个个散放出来，开始过独立生活。这时，身体长得和"母亲"模样相同、大小一样了。于是一个小球藻，经过分身法，就变成了8~16个小球藻。在环境条件适宜时，小球藻在一昼夜之间，可以产生两三代，数量能增加好几十倍，而且一周后就能收获。

正是因为小球藻拥有如此多的优点，早有科学家提出，在以碳水化合物为主要食物而缺少蛋白质、脂肪和维生素营养的地区，可通过大量培养小球藻来进行营养补充。现在，美国科学家已经打算让小球藻陪伴宇航员去太空飞行，给宇航员提供氧气和食品。

### 📕 知识链接

#### 小球藻

小球藻的太空试验证明，它在失重状态下也能迅速繁殖，有效地产生氧而不产生有毒物质。但小球藻等单细胞藻类食品还存在着味道不佳等问题，科学家们在解决这个问题的同时正在设想用海藻作为动物和家禽的饲料，再让它们供给星际飞船的乘员以肉类、牛奶和鸡蛋。

# 新型武器植物探雷器

科普档案　●名称:阿拉伯芥　●分布:世界各地,海拔 300 米至 4700 米的地区

在现代战争中,地雷曾发挥过巨大作用, 但每次战争结束后,看似平静的战场上却遗留下未爆地雷的隐患。因此, 一些科学家正在研制一种探测地雷的"新型武器"——植物探雷器。

地雷是一种古老的爆炸性武器,19 世纪中叶, 随着各种烈性炸药和引爆技术的出现,地雷向制式化和多样化发展,从而诞生了现代地雷。第二次世界大战以来,世界局部战争此起彼伏,地雷成了冲突双方都要利用的廉价武器。但是地雷埋易排难,为了排除地雷不知有多少人非死即伤。现在,有的科学家正在研制一种探测地雷的"新型武器"——植物探雷器。

据估计, 现在全球 70 多个国家中共埋着 1.1 亿颗地雷, 每年有约 2.6 万平民被炸死或炸伤,其中 8000 人是儿童。目前人道主义排雷面临的最大问题是雷区规模太大, 传统的探雷和排雷方法又太慢。虽然目前探雷设备已经非常先进了, 但用它们来探测大片土地是否埋有地雷, 成本却高得惊人。专家介绍,生产一枚反步兵地雷只需要 3~30 美元,但探测并排除一枚地雷却要数百乃至上千美元。于是,寻找一种新的扫雷技术便成为各国军事科研人员的首要任务。近年来,有的科学家把目光瞄准了转基因植物。一般说

□人工探雷

□阿拉伯芥草

来，埋在地下的各种地雷总要或多或少地向土壤中释放一些物质，用植物探雷的研究正是从这一点入手的。

加拿大科学家发现，一些细菌和有机物喜欢"吃"包括塑胶炸药和TNT在内的多种炸药，因为这些炸药中含有细菌生长所需的氢和氮。地雷虽掩埋在地下，它的TNT炸药微粒却会不断地向土壤中渗透。如果从这些细菌或有机物中提取"感受器"基因，然后通过基因改良把它们移植到一些植物的根部。当这些"感受器"发现土壤中的TNT气味或颗粒时，就会向植物发出一系列信号，使它们的花或叶子改变颜色。这样地面上的人就会知道附近有地雷了。

无独有偶，就在加拿大研究植物探雷器的时候，丹麦科学家找到了一种名为阿拉伯芥的植物，他们准备通过改变阿拉伯芥的基因，使其成为探雷的"尖兵"。

阿拉伯芥含有一种通常到秋季才会发挥作用，使植物叶片变成红色的基因。丹麦科学家对这种植物进行了基因工程处理，使这种变色基因在遇到二氧化氮时就会"开启"。大多数传统炸药都会或多或少地释放出二氧化氮，转基因阿拉伯芥能够通过根部感知这种气体的存在。实验显示，在确认有地雷之后3~5周，转基因阿拉伯芥的叶子就会渐渐地由绿色变成红色，这样，人们就可以通过观察地面上阿拉伯芥的生长状况来判断地面下有没有地雷了。

南非科学家最近也培育出一种可以探测地雷的转基因烟草，这种植物中含有一种特殊基因，可以激活西红柿和苹果中含有的红色色素。当烟草的根系探测到地雷中泄漏出的二氧化氮时，绿色叶子随之变为红色，持续时间达10周之久。研究人员在实验室和温室对这种植物进行了成功测验，现在正在进行实地试验。

由于探雷植物需要数月才能成长起来，所以，它们在战场上的用途并不大，但在战争结束后，把这些探雷植物的种子用飞机或直升机撒下去，等它们长出来后，人们从花或叶的颜色就可知道哪些区域布有地雷。

虽然现在有的科学家对植物探雷器的实用价值存在疑问，不过，更多的研究人员认为，植物探雷手段的问世，已经开阔了人们的视野，而且必将推动人类扫雷历程的新进展。

□探雷植物拟芥蓝

🔖 **知识链接**

### 转基因植物

用作"探雷器"的植物都是转基因植物。所谓转基因植物是拥有来自其他物种基因的植物。该基因变化过程可以来自不同物种之间的杂交，但今天该名词更多地特指那些在实验室里通过重组DNA技术人工插入其他物种基因以创造出拥有新特性的植物。

# 风靡世界的鲜花美食

**科普档案** ●**名称**:鲜花美食 ●**特征**:含有人体所需营养成分,有一定的药用价值和保健功能

时下,人们的餐桌也出现了不少"花"食品,如鲜花饮品、鲜花酒和鲜花制作的各式糕点、酱料等,鲜花餐饮正成为现代人心仪的美味佳肴。

春天让世界变得姹紫嫣红,各色鲜花争相绽放,花姿摇曳,高雅别致又生机勃勃。时下,人们的餐桌也出现了不少"花"食品,如鲜花饮品、鲜花酒和鲜花制作的各式糕点、酱料等,鲜花餐饮正成为现代人心仪的美味佳肴。

鲜花作食,自古有之。早在我国的先秦时期,鲜花就被人们食用。屈原《离骚》中就有"朝饮木兰之坠露兮,夕餐秋菊之落英"的描写。《神农本草经》中菊花被列为上品,说"服之轻身而耐老"。汉唐时期是古人食花的盛

□鲜花美食

期,传说每到农历二月十三这天,武则天就命宫女们用鲜花与碾碎的大米制成米糕自食,还分赐给百姓庶民们吃。到了宋、明、清各代,都有用花卉制成的食馔记载。

　　鲜花食品在国外也有着悠久的历史。16世纪,欧洲诸国便有了食用香红花的习俗。西班牙用香红花调制什锦饭,法国人拿它来做火锅。在美洲,仙人掌历来是传统的食品,人们用它煮汤吃、烤吃、做饼吃,腌着吃,还用来酿酒。南瓜花在法国和意大利当菜吃,伊朗、斯里兰卡、印度用它做咖喱酱,朝鲜用它做罐头。现在,在欧美一些国家和地区,被用来加工食品的鲜花已达数百种。如芥子花、秋海棠、旱金莲、南瓜花、春莴苣花、金盏花等,都可以用来配制成鲜花色拉。其中旱金莲有点辛辣,春莴苣花带点甜味,都可直接用来点缀色拉;金盏花若与煮鱼的沙司一起煮,南瓜花若与蟹、鱼等海鲜同时烹制,均别有风味。在亚洲,根据联合国粮农组织出版的《东南亚食品成分表》记载,有10多种花卉已成为该地区居民餐桌上的常用食品,东南亚各城市都有专门出售可供食用的鲜花市场。

　　花卉食品之所以能够在世界上日渐流行,这是因为花食文化是人类饮食文化中最绚丽、最多彩的篇章,是素菜中最

□玫瑰花露

□玫瑰花酱

□山茶花粉

□花草茶

富诗情画意的一页。特别诱人的是它营养价值高。根据植物学家们的研究，作为植物器官的花朵与蔬菜花果本身一样，营养十分丰富，尤其是盛开时的鲜花含有大量花粉，而花粉已被科学家证实含有 96 种物质，包括 22 种氨基酸、18 种维生素、27 种微量元素等。营养学家指出，除花粉外，还没有哪一种食物能包括全部人体所需的营养成分，因而花粉是地球上最完美的食物。以万寿菊为例，花瓣中含有丰富的胡萝卜素、抗生素、生长素、维生素 C、P、E 以及微量元素铁、锌、镁、钾等，共达 27 种之多。科学家的研究还发现，花卉中的蛋白质多以游离氨基酸的形式存在，含量远远胜过牛肉、鸡蛋、干酪，维生素 C 的含量高于新鲜水果，其营养价值比牛肉、鸡蛋高 7~8 倍。据说，花卉中还含有一种尚未被人们开发但又能增强人类体质的高效生物活性物质。

我国是世界上花卉品种和花卉种植最多的国家之一。在广袤的国土上，一年四季到处都有鲜花开放，春兰、夏荷、秋菊、冬梅……此花刚谢，彼花又开！花卉数量惊人，是一座巨大的营养库，也是大自然对人类的慷慨馈赠。愿花卉食品在神州大地再掀新潮，让色、香、味俱佳的花馔美食走上千家万户的餐桌。

📖 **知识链接**

### 可食花卉

花卉可以吃的部分包括鳞茎、根部、枝叶、花蕾、花瓣、花蕊等部分。目前已知的可食花卉总数多达 500 种以上。其中既有野生植物，又有园栽植物；既有药用植物，又有山间野菜。

# 治污帮手生态植物

**科普档案** ●**名称**:紫花苜蓿　●**分布**:世界各地　●**特征**:适应性强、产量高、品质好

生态植物是指一些可以用来定性地监测和评价环境质量的好坏和趋势,并可作为治理环境污染的帮手的植物。

人类在长期的观察中发现,自然界中有的植物对环境中的一些物质很敏感,它们对这些物质的多少和变化,能产生各种反应或信息。聪明的人,就用它们来定性地监测和评价环境质量的好坏和趋势,并且把有这种特性的植物作为治理环境污染的帮手,这些能保护环境的植物叫作生态植物。

地衣、苔藓植物、紫花苜蓿对二氧化硫敏感,在没有特殊环境因素的变化下,它们的枯黄、枯死则告诉人们大气中有了过量的二氧化硫气体。此外,现在人们还用香蒲、火炭母、金荞麦、杏、梅、葡萄等监测氟的污染,用苹果、玉米、桃、洋葱监测氯的污染等。

水体被污染的情况,也可以从一些水生生物的情况做出简单的判断。如水中浮萍茂盛,藻类疯长,表明水中的氮、磷、钾等营养物质过盛,导致水体富营养化了。

自然界的植物与环境中有害

□紫花苜蓿

物质长期互相作用、互相影响，多处在相对稳定的动态平衡中，有的逐渐适应，有的中毒被淘汰，所以，植物与人类一样，都有对环境的适应和对变化条件的抵抗能力，那些对某些污染物有很强抗御能力的，人类就可以用来在有大气污染的地方作为绿

□鹅观草

化材料；或利用它们吸收污染物的性质，来吸收大气中的污染物，起到吸毒器、空气净化器的作用。

　　1986 年，苏联切尔诺贝利核电站发生事故，造成核物质泄漏，辐射损伤300 多人，使 31 人立即丧生，周围大片土地受到放射性污染，10 多万居民紧急迁散。人死了不能复生，受伤者可以医治，核电站可以封死，可周围土地里的那些放射性污染物，筛也筛不掉，拣也无法拣，怎么办呢？这些受污染的土地能复生吗？

　　法国核防护研究所的专家发现，在核污染的土地上种植鹅观草，草长满后，用割草机割除几厘米就能除掉几乎全部核污染物。鹅观草是一种多年生草本植物，草秆丛生，直立，高可达 1 米。1991 年夏天，在切尔诺贝利核污染区首次试验。尽管那里的土壤不合适种植鹅观草，但是荒地上还是长满鹅观草，割除 5 厘米后，土壤中 95% 的核物质被除掉。割除的草烧掉后，将草灰按处理核废物的办法进行深埋或用其他方法处理。据估计，在切尔诺贝利污染区可种植 6 万公顷鹅观草，几年之后，那里的土地就能获得新生。

　　德国有 40% 的土地不同程度也受到有毒化合物和重金属的污染。已有的净化土地的方法既费钱又破坏了土壤的生态环境。于是，德国科学家把目标放在植物上，着手培育能吸收土壤重金属的植物。他们首先发现的一种生态植物是荞麦。荞麦一般人都知道，是一种一年生的农作物，茎红叶绿，果实为黑色三菱形。荞麦面含胆固醇低，是人们喜爱的保健营养食品。

荞麦年产量可达每公顷200~300吨,1公顷荞麦从土壤中可吸取24公斤铝和322公斤锌。在重金属污染的土地上种植荞麦,荞麦收获后虽然不宜食用,但可用做发电厂的燃料,燃烧后金属留在灰渣中,灰渣可以有针对性地

□荞麦

作为肥料施给那些缺少这些金属元素的土壤。发电厂所发的电可弥补耕作的全部费用。

加拿大科学家非常重视生态植物新品种的研究与开发。他们用遗传工程改良植物的净化功能。研究人员正在对油菜、烟草和紫花苜蓿等多种植物进行遗传改良,并且试验用催化剂加速植物吸收金属的反应。科学家的主要目标是利用他们培育的转基因植物净化加拿大很多矿山附近的污染土地。

总之,利用植物这一报警器,简单方便,既监测了污染,又美化了环境,可谓一举两得。

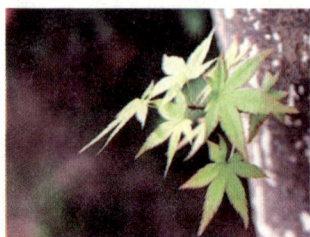

🔖 **知识链接**

### 植物监测环境的前景

利用植物监测环境污染比使用仪器成本低,适于开展群众性监测活动。另外,植物不仅能监测现时的污染,而且还能指示过去的污染情况,而这些用一般仪器是测不出来的。所以,用生态植物来监测并改善环境有着很好的发展前景。

# 烟草的新用途

**科普档案** ●名称:烟草　　●特征:烟叶富含蛋白质,烟叶中提取的烟碱可制药

以损害人类健康而闻名的烟草，在开发食品和药物资源方面的诸多潜在用途正在不断地被发现。

大家都知道,吸烟有害健康。那么烟是从哪里来的呢?原来烟主要是由茄科烟草属植物烟草的叶子加工而成的。

烟草属植物大约有60多种,但真正用于制造卷烟和烟丝的只有两种,其他品种很少用。目前人们普遍认为烟草最早源于美洲。考古发现,人类尚处于原始社会时,烟草就进入美洲居民的生活中了。那时,人们在采集食物时,无意识地摘下一片植物叶子放在嘴里咀嚼,因其具有很强的刺激性,正好起到恢复体力和提神打劲的作用,于是便经常采来咀嚼,次数多了,便成为一种嗜好。

1492年10月,哥伦布率领探险队到达美洲时,就看到当地人在吸烟。1558年,航海水手们将烟草种子带回葡萄牙,随后传遍欧洲。我国的烟草是16世纪

口科学家发现烟草的新用途

相继由菲律宾、越南、朝鲜传入的。

烟草在植物学上没有什么出奇之处，但它却含有一种特殊的生物碱——尼古丁。尼古丁是在烟草的根中合成的，然后输送到茎和叶，是烟草的异性代谢物质，它可以使人成瘾，所以在国外，有人把它叫相思之草，意思是嗜烟的人离不开它，一时不吸就想得发慌。因为吸入尼古丁，可以引起一时的精神兴奋，所以有人就说，吸烟可以有助于"灵感"发生，其实这只不过是一种假象，吸烟能损害健康。首先吸烟时，烟草中的尼古丁以及其他一些有毒物质会刺激喉咙和气管黏膜，引起多痰多咳，长期吸烟，会引起上呼吸道感染，日久发生肺气肿和肺心病，严重影响呼吸功能，甚至缩短寿命。其次，吸烟可以引起癌症。最近流行病学研究指出，80%的癌症是由环境因素引起的，肺癌是直接吸入致癌物质所致，人们普遍认为香烟和烟制品是癌的主要致病因素，在长期吸烟和大量吸烟的人中，肺癌发病率很高。环境性致癌物质引起人类癌症的潜伏期平均为 15~25 年，所以青少年吸烟十分令人担心，如果他们长期吸烟，人到中年后，他们有些人就会受到癌症的摧残。那么，烟草是不是就没有一点好处呢？这也不一定。因为烟草在开发食品和药物资源方面的诸多潜在用途正在不断地被发现。

烟草是著名的模式作物，可当作生物反应器将其他作物的抗癌、抗艾滋病以及有益于人们健康的基因导入烟草，使其充分表达，然后利用生物技术予以提取，可加工成治病强身的"灵丹妙药"。最近，美国一位分子生物学家丹尼尔教授就发现，烟草经过基因改良后可以用来救命，因为新型的转基因烟草可以用来生产炭疽病疫苗、胰岛素等药物。

丹尼尔花了 20 年时间来研究通过转基因作物生产药物。他之所以最终选择烟草来生产药物，是因为烟草是一种常年生长而且繁殖能力强的植物，每棵植株能生产 100 万颗种子。另外，用

□烟草

烟草来生产药物可以变害为利,而且可以节省粮食,让食用植物不再用于制造相关的药物。为了制造出炭疽疫苗,丹尼尔教授将疫苗基因注入烟草细胞的叶绿体基因组中。最近一次试验中,研究人员从转基因烟草提取出炭疽病疫苗,然后注射到小白鼠体内;这些小白鼠在遭受炭疽病毒的袭击后,健康地存活下来了。下一步是在人的身上做实验,检测药物对人体免疫系统的作用。也许在未来几年内,患者就可以用上由烟草生产的相关药物了。由此看出,烟草有益于健康的潜在用途并不比用作卷烟所起的经济作用逊色。

□烟草被开发能提炼多种有用物质

📖 **知识链接**

### 世界无烟日

20 世纪 50 年代以来,全球范围内已有大量流行病学研究证实,吸烟是导致肺癌的首要危险因素。为了引起国际社会对烟草危害人类健康的重视,世界卫生组织 1987 年将每年的 4 月 7 日定为"世界无烟日",以督促烟民们改掉吸烟的不良卫生习惯。自 1989 年起,世界无烟日改为每年的 5 月 31 日。左图为 2012 年世界无烟日主题——"烟草业干扰"海报。

INTIMIDATION
STOP TOBACCO INDUSTRY INTERFERENCE